本书研究及出版获得以下基金项目资助
中国人民大学科学研究基金数据高地计划项目"中国家庭能源消费调查"（17XNS001）
国家社会科学基金重大项目"统筹推进'双碳'目标与经济社会协同发展的中国经济学理论与政策研究"（23ZDA110）
国家自然科学基金专项项目"双碳约束下资源环境经济协同发展研究"（72141308）
国家自然科学基金国际(地区)合作与交流项目"向净零排放的公平过渡模式"（72261147760）
国家社会科学基金特别委托项目"创新驱动发展研究"（2021MYB021）

中国家庭能源消费研究报告

CHINESE HOUSEHOLD ENERGY CONSUMPTION REPORT

郑新业 魏楚 主编

碳中和背景下的中国家庭低碳认知与能源消费行为

谢伦裕 相晨曦 刘 阳等 著

科学出版社

北京

内 容 简 介

　　为了进一步辨识碳中和背景下城乡居民家庭能源消费的新特征，了解居民对碳的相关认知、态度、行为及支付意愿，中国人民大学应用经济学院于 2021 年底至 2022 年初，实施了第九轮中国家庭能源消费调查，覆盖10 个省（自治区、直辖市）城乡居民，旨在为新时期"双碳"目标约束下家庭能源数据调查和科学研究提供参考，评估一些基础性参数，为相关决策和政策制定提供数据基础与思路。

　　本书可供政府相关部门决策者和相关领域研究人员参考，也可供高等院校相关专业师生及普通读者参阅。

图书在版编目（CIP）数据

碳中和背景下的中国家庭低碳认知与能源消费行为/郑新业，魏楚主编；谢伦裕，相晨曦，刘阳等著．—北京：科学出版社，2023.9
　ISBN 978-7-03-076140-8

　Ⅰ.①碳… Ⅱ.①郑… ②魏… ③谢… ④相… ⑤刘… Ⅲ.①节能–基本知识②城市–居民–能源消费–研究–中国Ⅳ.①TK01②F426.2

中国国家版本馆 CIP 数据核字（2023）第 150314 号

责任编辑：林　剑／责任校对：樊雅琼
责任印制：吴兆东／封面设计：无极书装

斜 学 出 版 社 出版
北京东黄城根北街 16 号
邮政编码：100717
http://www.sciencep.com

北京中科印刷有限公司 印刷
科学出版社发行　各地新华书店经销
*
2023 年 9 月第 一 版　开本：720×1000　1/16
2023 年 9 月第一次印刷　印张：14 3/4
字数：320 000
定价：168.00 元
（如有印装质量问题，我社负责调换）

本书编写组

郑新业　　谢伦裕　　相晨曦　　刘　阳

郭伯威　　苏红岩　　吴施美　　傅佳莎

周鸥泛　　李桂兰　　王梦圆　　王艺蓉

万沪宁　　邹恬华　　高佩倩　　梁中怡

俞紫嫣　　杨璨瑜

前　言

为了解我国家庭能源消费的基本状况、特征与影响因素，中国人民大学经济学院能源经济系自 2013 年起展开了中国家庭能源消费调查（Chinese residential energy consumption survey，CRECS），截至 2022 年已完成九轮入户调查。其中，第一、第二轮家庭能源消费调查主要着眼于中国家庭能源消费的历史背景和现状分析，第三轮调查拓展到全球视角，基于国际视野对家庭能源消费的未来发展进行探讨。随后几轮调查则围绕不同的专题展开调查和研究。已出版的《中国家庭能源消费研究报告（2014）》《中国家庭能源消费研究报告（2015）》《中国家庭能源消费研究报告（2016）》《中国家庭能源消费研究报告：能源消费转型背景下的家庭取暖散煤治理评估》《中国家庭能源消费研究报告：乡村振兴背景下的家庭能源消费研究——以浙江省为例》等研究成果引起了包括政府部门、学术机构、新闻媒体和社会公众的广泛关注。

为更加了解我国家庭能源消费和碳排放的现状，寻找更好的方式，通过家庭节能减碳助力"双碳"目标的实现，中国人民大学应用经济学院于 2021 年冬季，以"碳中和背景下的中国家庭能源消费"为主题进行了全国入户调查，覆盖我国 10 个省份 25 个市区共计 1043 户家庭。调查问卷包括对家庭与个人基本情况的统计、对碳认知与碳支付意愿的衡量、对家庭能源设备和家用电器信息的收集，以及对用电行为的重点研究。此次调查是第一次有针对性地对家庭能源消费中的碳排放情况、碳认知和碳态度行为等做出调研分析的全国性家庭能源调查。

在本书写作过程中，不同作者对书稿写作、修改和完善做出大量贡献。郑新业、谢伦裕、相晨曦统筹了数据调查过程和报告写作，各章节安排和贡献者分别如下。

第 1 章概括地介绍本书的研究背景、主要结论，由刘阳、王艺蓉执笔。

第 2 章介绍本次入户调研的抽样方法与具体实施，并针对不同的问卷模块数据进行描述性分析，由傅佳莎、周鸥泛、梁中怡执笔。

第 3 章介绍"自底而上"、基于设备用能的家庭能源消费核算方法，由吴施美指导，俞紫嫣和高佩倩执笔。

第 4 章基于家庭能源消费核算数据进行不同维度的对比分析，由相晨曦指导，李桂兰和高佩倩执笔。

第 5 章对中国家庭碳排放不平等进行描述和研究，由吴施美、相晨曦、王梦圆执笔。

第 6 章对中国居民家庭的低碳认知、低碳态度与低碳行为进行对比分析，由刘阳、王梦圆、俞紫嫣执笔。

第 7 章对中国居民碳支付意愿与受偿意愿进行估计，由苏红岩、周鸥泛、梁中怡执笔。

第 8 章以电力为重点研究对象，对电能替代和低碳转型进行定量分析，由郭伯威、李桂兰、王艺蓉执笔。

全书由谢伦裕、相晨曦统稿，同时感谢邹怡华、万沪宁、杨璨瑜在统稿中做出的贡献。由于作者能力有限，本书难免存在不足之处，恳请专家和读者批评指正。

本书编写组
2023 年 2 月

目　　录

第1章 | 绪 论

1.1 研究背景

能源是人类文明进步的基础和动力，攸关国计民生和国家安全，关系人类生存和发展，对于促进经济社会发展、增进人民福祉至关重要。我国的能源发展经历了从新中国成立后初步建成较为完备的能源工业体系到改革开放时期成为世界上最大的能源生产国和消费国，再到新时代成为能源利用效率提升最快的国家。党的十八大以来，我国发展进入新时代，能源发展也进入新时代。新时代中国能源发展方向，是坚持中国特色能源发展道路，以创新、协调、绿色、开放、共享的发展理念，以深化供给侧结构性改革为主线，全面推进能源消费方式变革，构建多元的清洁能源供应体系，实施创新驱动发展战略，不断深化能源体制改革，持续推进能源领域国际合作，使能源进入高质量发展新阶段。

生态兴则文明兴。面对气候变化、环境风险挑战、能源资源约束等日益严峻的全球问题，我国树立了人类命运共同体理念，促进经济社会发展全面绿色转型，在努力推动本国能源清洁低碳发展的同时，积极参与全球能源治理，与全球各国一道寻求加快推进全球能源可持续发展新道路。

随着我国经济的高速发展，对能源的需求大量增加，能源短缺现象也日益突出。长期以来，能源转型研究主要集中于产业经济等部门，涉及生活部门的研究较少，但家庭已成为全球能源需求和碳排放的主要贡献方，面向家庭的精准能源政策也成为全球能源转型的重要调控工具。在我国生活能耗增速连续多年超工业能耗增速的现实情况下，改变家庭能源消费模式已成为能源消费革命的基本任务和要求，家庭尺度的能源消费研究也逐步成为前沿研究热点。快速增长的居民生活用能，为我国绿色发展带来了不小的挑战。因此，居民的能源消费对我国节能减排的作用不可忽视。

为了追踪我国居民能源消费模式的变动趋势、理解内在的动力机制、探讨居民的行为模式，中国人民大学应用经济学院能源经济系以家庭能源消费为关注点，在2013年初启动的CRECS基础上，于2021年进行了第九轮入户问卷调查。此次调查不仅是我国进入新时代后家庭能源消费研究的开端，也是第一次有针对性地对家庭能源消费中的碳排放，以及碳认知和低碳态度行为等做出调研分析。笔者希望能够通过此次全面系统地收集居民层面的能源消费数据，寻求符合新时代标准和发展需求的高价值科学问题，为国内外的学者贡献有意义、有深度的参考资料；并且，能够对调研中所发现的问题给出有价值的建议，推动居民生活改善。这对我国家庭节能减排，实现"双碳"目标有着至关重要的意义。

对中国家庭能源消费研究主要围绕以下基本问题展开：①中国家庭能源消费在新时代的现状与发展情况；②碳中和背景下居民家庭低碳认知、低低碳行为和碳支付意愿情况；③未来家庭能源发展的挑战和展望等。

此前的三部全面调查报告——《中国家庭能源消费研究报告（2014）》和《中国家庭能源消费研究报告（2015）》主要着眼于当时中国语境下的历史背景和现状分析；《中国家庭能源消费研究报告（2016）》拓展空间维度到全球，基于国际视野对家庭能源消费的未来发展进行探讨，通过对比来寻求一般性共性规律和差异化特征，通过观察、总结历史轨迹来展望未来。专题报告——《中国家庭能源消费研究报告：能源消费转型背景下的家庭取暖散煤治理评估》《中国家庭能源消费研究报告：乡村振兴背景下的家庭能源消费研究：以浙江省为例》局限于省市或者某一专题进行研究，而本次研究报告除了一脉相承前面系列报告的一些基本研究问题，还进一步结合新时代的能源消费格局，研究了碳排放相关问题，除了碳排放不平等还有关于低碳态度和低碳行为的研究及中国居民碳支付意愿的计算和影响因素分析，还研究了中国居民家庭电能替代与低碳转型，寻求更低碳环保的用能方式。

1.1.1 我国能源的发展现状与碳排放趋势

我国已是世界第二大经济体，同时也是全球最大的能源消费国以及二氧化碳排放国，近年来的单位国内生产总值能耗与碳排放量都远高于其他国家。2020年，我国能源消费总量约为49.8亿吨标准煤，与能源相关的二氧化碳排放量约99亿吨，占全球总排放量的30.9%。同时，如图1-1所示，2020年我国单位GDP能耗为3.4吨标准煤/万美元，单位GDP碳排放量为6.7吨二氧化碳/万美元，均远高于世界平均水平及美国、日本、德国、法国、英国等发达国家水平。

从历史人均累计碳排放量方面来看，我国历史人均累计的碳排放量约为164吨二氧化碳，低于世界平均水平（214吨二氧化碳），远低于美国（1232吨二氧化碳）、英国（925吨二氧化碳）、法国（521吨二氧化碳）等西方国家的平均水平。

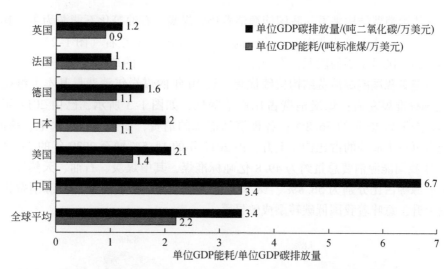

图 1-1　2020 年世界主要国家单位 GDP 能耗和单位 GDP 碳排放量

数据来源：《BP 世界能源展望》（2020）

根据能源消费数据和二氧化碳排放数据统计（图 1-2），我国能源消费总量呈不断增加趋势，2012～2020 年处于平稳增长态势；二氧化碳排放总量也处于一直上升的趋势，2013～2016 年进入平台区，保持在 92 亿吨左右，2016 年后上升迅速，到 2020 年，我国碳排放已经达到 98.99 亿吨。

图 1-2　2012～2020 年中国能源消费总量和二氧化碳排放趋势

数据来源：《世界能源统计年鉴 2021》《中国统计年鉴》（2013～2021 年）

从能源消费结构来看，我国能源消费仍以煤炭、石油等化石能源为主，其中煤炭的消费在能源总消费中所占的比例一直保持在50%左右（图1-2），所以煤炭仍然为我国最主要的能源，作为能源安全"压舱石"的地位没有改变。

但随着我国能源消费结构持续优化，近10年的煤炭年消费量基本上维持在28亿吨标准煤左右；煤炭消费占比逐渐降低，如图1-3所示，已由2012年的68.5%降至2020年的56.8%；各种清洁能源的消费，如天然气、水电、核能、风能等可再生能源的占比持续上升，由2012年的14.5%增至2020年的24.3%。2020年我国能源消费总量约为49.8亿吨标准煤，其中煤炭、石油、天然气、可再生能源等占比分别为56.8%、18.9%、8.4%、15.9%。非化石能源消费比例逐渐上升，意味着我国低碳转型成效显著。

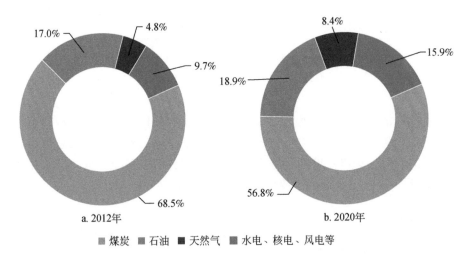

a. 2012年　　　　　　　　b. 2020年

■ 煤炭　■ 石油　■ 天然气　■ 水电、核电、风电等

图1-3　2012年和2020年能源消费种类分布对比情况

数据来源：国家统计局

从能源消费的行业来看（图1-4），工业始终在整个能源消费中占比最大，保持在65%以上，其次是居民生活和交通运输业等，建筑业和农业占比较少。但近年来，虽然总能源消费数量一直上升，但工业消费的能源在总能耗中所占比例呈下降趋势，已经从2012年的70.80%下降到2020年的66.75%，最低的时候为2018年，占比仅为65.93%。与此不同的是，居民生活的能源消费在总能源消费中所占的比例逐年稳步上升，如图1-5所示，已经从2012年的10.52%上升到2020年的12.92%。这也从侧面说明了能源消费的结构在逐渐改变，居民家庭的用能发展趋势不可忽略，其对我国的节能减排、"双碳"目标的实现有着重要的启示和参考作用。

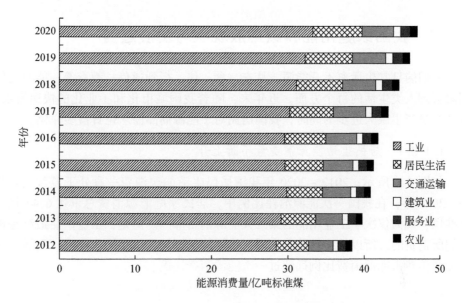

图 1-4　2012～2020 年中国主要行业能源消费量

数据来源:《中国统计年鉴》(2013～2021 年)

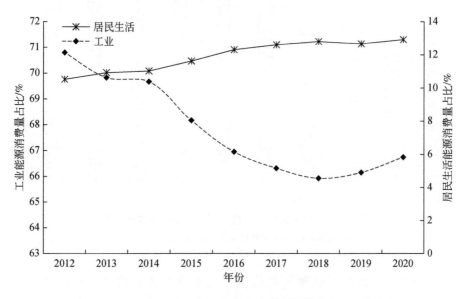

图 1-5　2012～2020 年工业和居民生活能源消费量占比变化趋势

数据来源:《中国统计年鉴》(2013～2021 年)

1.1.2 我国家庭用能和碳排放现状与发展趋势

人们的日常生活离不开能源，从衣、食、住、行到通信、教育等，能源的使用渗透到人类生活的每个方面。近年来，随着我国城市化和工业化的快速发展、社会经济产生巨大进步的同时，我国居民对于能源商品需求也日益多样化。

1.1.2.1 居民生活能源消费量不断上升

如图1-6所示，2012～2020年我国居民生活能源消费一直处于显著上升趋势。2020年，在我国一次能源消耗比例中，居民家庭能源消费总量达6.44亿吨标准煤，成为仅次于工业用能的第二大能源消费部门。但是，工业产品最终是被人们所消费的，所以从终端消费来看，将间接能源消费量也纳入考虑，则居民家庭能源消费占能源消费比例远超过一次能源消费比例。

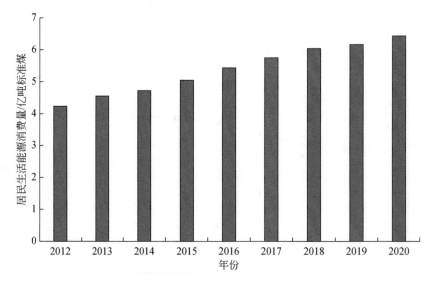

图1-6 2012～2020年居民生活能源消费量变化情况

数据来源：《中国统计年鉴》（2013～2021年）

1.1.2.2 居民生活能源消费结构中化石能源占比降低，清洁能源占比上升

随着我国城市化的进程加快，越来越多的农村人口进入城镇，改变了他们的能源消费行为，电力、天然气、液化石油气等现代能源在农村地区逐渐替代生物质能，同时煤炭和煤气的使用量也不断降低，煤炭的消费量从2012年的9253万

吨下降到 2020 年的 6283 万吨，下降幅度高达 32.1%，而天然气和液化石油气等清洁能源的使用量总体上逐渐升高，2020 年天然气的消费量为 560 亿立方米，是 2012 年 288 亿立方米的近 2 倍（图 1-7）。且不论是农村还是城镇家庭，随着经济条件和生活条件的改善、国家各项政策的扶持，以及家用电器的种类和数量的不断增加，二次能源——电力的消费持续上升（图 1-8）。2020 年我国居民生活电力消费量高达 11396 亿千瓦·时，几乎是 2012 年的居民电力消费量（6219 亿千瓦·时）的 2 倍。

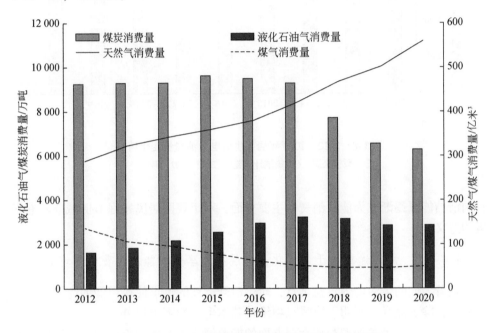

图 1-7　2012 ~ 2020 年居民生活能源消费结构变化情况

数据来源：《中国统计年鉴》（2013 ~ 2021 年）

　　为更加直观地反映居民能源消费结构变化情况，图 1-9 给出了 2013 ~ 2019 年全国居民人均生活能源消费及各项能源人均消费量的趋势图。如图 1-9 所示，2013 ~ 2019 年，居民人均生活能源消费处于平稳上升阶段，到 2019 年达到 438 千克标准煤/人。从各项能源人均消费情况来看，电力和天然气的人均消费量与人均生活能源消费量保持相同趋势，尤其是近几年增长速率上升较快；液化石油气消费量在 2013 ~ 2017 年表现出增长趋势，2017 年过后，呈下降趋势；而煤炭消费量在 2013 ~ 2017 年保持平稳，2017 年后便明显持续下降。可见，虽然我国居民家庭的能源消费总量不断上升，但化石能源的使用比例在不断下降，居民家庭能源消费正由煤炭、煤气等传统能源向电力、天然气等现代能源转变。这说明

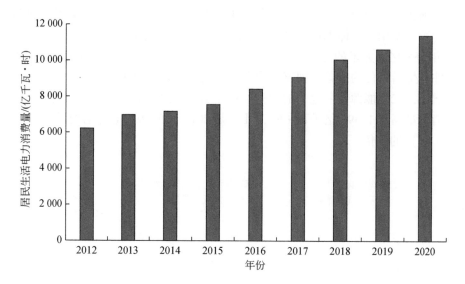

图 1-8　2012～2020 年居民生活电力消费量变化情况

数据来源：《中国统计年鉴》（2013～2021 年）

我国清洁能源逐渐成为能源消费的主要方面，对于我国居民家庭节能减碳具有积极的意义。

1.1.2.3　用能途径趋于多样化，发展型和享受型能源消费快速增长

随着人们的生活内容日益丰富，对生活舒适性的追求使得用能的途径也日趋多样化，除了烹饪、照明、取暖三项维持基本生存的需求以外，清洁、交通、通信、文化、娱乐等发展型和享受型方面的能源消费也快速增长，说明我国居民家庭的生活用能从数量到质量都有所提升和改善。

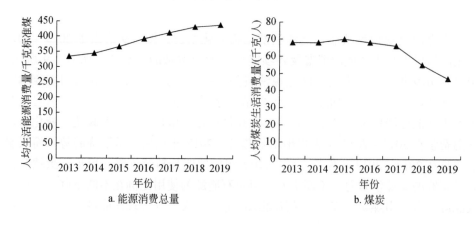

a. 能源消费总量　　　　　　　　b. 煤炭

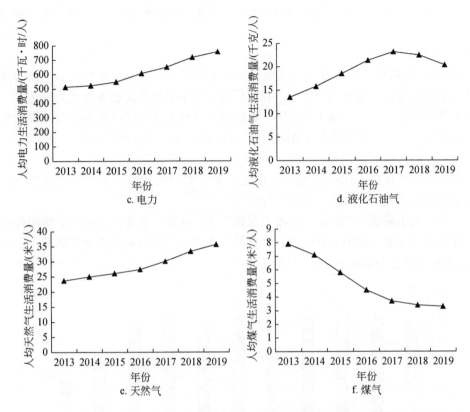

图 1-9 2013～2019 年居民人均生活各项能源消费量变化情况

数据来源：《中国统计年鉴》（2014～2020 年）

　　根据本次调查的数据，从能源消费的用途上来看，烹饪和供暖仍占据绝大部分能耗。其中，烹饪的能源消费量约占消费总量的 18.5%；家庭取暖约占 51.5%；家用电器用能约占 12.5%。交通用能方面仍是以燃油为主（包括柴油、汽油、煤油、乙醇汽油）电力为辅，2021 年居民家庭人均交通燃油消费量为 158.87 千克标准煤、电能消费量为 6.86 千克标准煤。

1.1.2.4　家庭能源消费带来的碳排放上升，居住方面更明显

　　由于能源消费和碳排放挂钩，我国居民的能源消费数量和结构都产生了较大的变化，相应也会带来一些碳排放方面相关的问题，特别是化石能源的消费，虽然清洁能源的使用占比上升对碳排放量有所缓解，但居民对生活的高质量要求也意味着社会需要供应更多高水平的消费品，这也从侧面增加了居民生活的碳排放占比。

从宏观上来说，居民家庭能源消费在一些发达国家已经超过工业，成为最主要的碳排放源。例如，联合国环境规划署《2020 年排放差距报告》指出，当前家庭消费温室气体排放量约占全球排放总量的 2/3；根据中国碳核算数据库（CEADs）的估算，2020 年居民家庭二氧化碳年排放量在 100 亿吨左右，约为全球二氧化碳总排放量的四分之一。我国居民家庭生活碳排放也逐渐成为除工业生产外我国碳排放增长的最主要原因，加快转变公众生活方式已成为减缓气候变化的必然选择①。从我国碳排放结构来看，约 26% 的能源消费直接用于公众生活，由此产生的碳排放占比超过 30%。中国科学院最新研究指出，工业、居民生活等消费端的碳排放占比已达 53%。由此看来，推动碳达峰、碳中和工作必须从供给侧和需求侧同时发力，相向而行。

从微观上来说，"食品"类和"居住"类②消费一直是我国居民消费间接碳排放的主要来源。由图 1-10 可知，"食品"类产生的碳排放量在逐渐降低，占比从 2009 年的 2.45% 降至 2019 年的 1.46%，而"居住"类的碳排放量则逐渐升

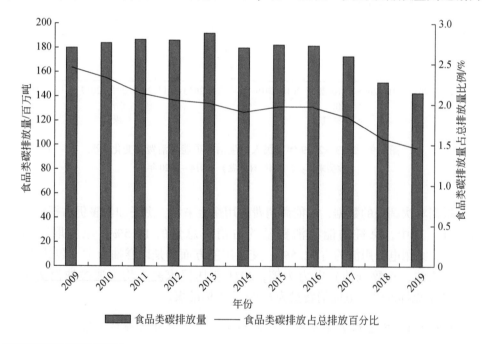

图中图例：食品类碳排放量 —— 食品类碳排放占总排放百分比

x 轴：年份
左 y 轴：食品类碳排放量/百万吨
右 y 轴：食品类碳排放量占总排放量比例/%

---

① https：//baijiahao. baidu. com/s? id=1715953224443866824&wfr=spider&for=pc.
② 由于无法获得我国居民生活碳排放的直观数据，参考了《我国居民消费碳排放影响因素的时空异质性》一文和中国碳核算数据库 CEADs 分部门数据，对相关数据进行加总得到本书研究所用数据。食品类：农业、林业、畜牧业、渔业和水利、食品加工、食品生产、饮料生产、烟草加工。居住类：居住、非金属矿产品、金属制品、建设、电力、蒸汽和热水的生产和供应、天然气的生产和供应、自来水的生产和供应。

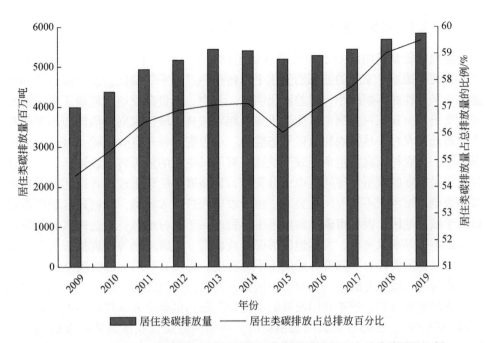

图 1-10　2009~2019 年居民生活食品类和居住类碳排放量及占总排放量的比例

数据来源：中国碳核算数据库（CEADs）

高，占比由 2009 年的 54.42% 升至 2019 年 59.49%，即将突破 60%。我国居民生活碳排放总量占比呈现上升趋势，预计随着国人生活水平的不断提高和对更美好生活的向往的不断实现，这个比例未来还会继续上升。这也意味着，居民家庭能源消费变革在碳中和领域大有可为，加快转变居民家庭能源消费方式已成为节能减碳的必然选择，基于家庭单位研究能源消费和碳排放特征及其驱动因素对落实减排、实现碳中和目标意义重大。

1.1.3　我国家庭能源消费发展面临的新挑战

实现碳中和是推进我国能源革命的重要举措，更是实现文明跨越的重要抓手。近年来，虽然我国能源消费增速放缓，碳排放逐渐进入平台期，但我国能源消费结构中化石能源占比仍高达 80% 以上。而在实现碳中和的道路上，居民家庭能源消费已成为我国节能减排的重要方面，关乎着能源可持续发展战略的大局。如何挖掘居民家庭能源消费的减排潜力，助力于"双碳"目标的实现，促进我国居民家庭能源消费结构的转型，仍有诸多难题。

1.1.3.1 居民家庭能源消费不平等和碳不平等现象突出

能源平等是指能源数量和质量满足不同时空人群生存发展消费需求的均衡性。目前我国城乡家庭的能源消费水平总体呈明显不平等特征，虽然城乡之间的能源不平等性在不断缩小，但差距仍明显。其中，云贵高原地区能源不平等现象最为突出，而长江三角洲地区能源平等性相对较高；城镇家庭生活能源不平等程度普遍低于农村，尽管农村地区气态能源、电力资源普及有效推动了城乡家庭能源转型，但农村家庭需担负相较于城镇家庭居民更大的能源转型经济压力。当前我国居民家庭的碳不平等问题也十分突出，富裕群体的碳排放量可以达到贫困人口的数倍。城乡碳不平等问题突出，由于农村人口收入较低，农村地区的碳排放量低于城市地区，但城市碳排放的不平等程度高于农村地区；发达地区和欠发达地区碳不平等现象突出，发达地区的碳排放量高，但碳不平等程度低于欠发达地区。因此，需要针对不同群体的碳不平等程度，提出有针对性的解决办法。

作为当今世界上的第一大发展中国家，发展仍为我国第一要务，能源消费的不平等现象本身就会带来我国发展的不均衡问题，也会带来碳排放的不均衡问题（即碳不平等）。在面对家庭能源消费时，要做到既保证我国经济社会的高质量发展，又实现碳中和目标，就必须要立足于国情，不可盲目跟风，急于求成，搞"一刀切"；需要坚持稳中求进，循序渐进。

1.1.3.2 极端天气频发导致家庭能源消费波动变化明显，能源需求上升

全球气候变暖导致频繁变换的区域天气模式以及极端天气事件可能影响能源生产和传输，进而造成家庭能源需求的波动，尤其是家庭电力消费。气候变化与能源需求之间存在反馈机制，同样，气候变化的影响也可以从能源消费中得以捕捉。例如，炎热的天气可能会刺激家庭使用制冷设备的需求，反之，寒冷的天气会导致家庭制暖设备使用频率的增加。作为世界上最大的能源消费国，我国的能源消费及其与气候变化的关系备受国际社会关注。根据英国石油公司《世界能源统计年鉴2021》，2020年我国一次能源消费约占世界总能源消费的26%，在受新冠疫情影响，全球能源消费较2019年减少4.5%的情况下，我国能源消费仍逆势增长了2.1%，也推动我国碳排放占全球的比例的增长。极端气候冲击下的温度变化与居民能源需求的关系对社会经济的平稳发展乃至实现碳达峰和碳中和的目标具有重要的现实意义。如何开展更加精确的家庭能源需求管理是我国现阶段需要思考的问题。

1.1.3.3 能源结构和供应不均衡，家庭能源消费的稳定安全需要更多关注

我国能源结构问题主要是自有的能源资源——石油和天然气等相对贫乏，以

及自身能源结构存在发展不平衡和不充分问题，不能够有效地支撑我国高质量发展的需要，导致我国的能源比较依赖于进口，容易受到地缘政治的影响。国际政治环境的不稳定会给我国能源的安全供给带来挑战，进一步影响我国居民能源的消费，甚至于正常生活等，引发系列民生问题。

除了一次能源外，二次能源的使用也存在诸多问题，尤其是电力供应的稳定性等问题，还有较大的改善和进步空间。例如，2021 年我国就经历了全国性煤炭短缺导致的电力供应不足的问题，2022 年西南地区由于极端天气导致依赖于水力发电的四川等地区"断电""停电"等问题比较突出，说明清洁能源的周期性特点和天气变化等不确定性因素，会使其在实际运行中存在一定的问题。如何稳定我国能源产业链和供应链的发展，保证居民家庭能源消费的需求供给，减少由于局部不稳定性带来的风险，任重而道远。

基于此，家庭能源消费调查由浅入深、由点及面地进行问题的探讨，充实完善整个研究，并提出以下有待解决的问题：①在碳中和背景下的今天，城乡居民家庭在能源消费上各自有什么特点？能源需求面对着什么样的变动趋势？②"双碳"目标的提出和对碳知识及环境变化的了解会给家庭的用能行为带来怎样的变化？③居民家庭的碳支付意愿是多少？又会受到什么因素的影响？通过对这一系列问题的深入探讨，深入了解"双碳"目标下城乡居民家庭在能源消费和碳排放上存在的差异，分析家庭能源需求的变化和预测未来能源需求的趋势，揭示影响能源使用和碳排放、低碳行为的主要因素，从而为城乡能源建设，提升居民生活水平以及改善环境等提供有力的政策依据。

1.2 主要结论

居民的生活能源消费对我国的能源转型的实现具有重要的意义，前面几次报告已经为我国的家庭能源消费研究奠定了良好的基础，清晰展示了我国家庭能源的结构变化和数量改变。但随着气候变化、能源危机等问题日益严峻，以及我国的发展进入了新时代，能源的消费需求和结构转型也到达了新的阶段，尤其是在 2020 年后，能源改革的导向更加明确，故除了继续探寻这一阶段的家庭能源消费特征和内在规律等基础研究外，为了更加了解我国家庭能源消费和碳排放状况，中国人民大学应用经济学院于 2021 年 12 月至 2022 年 1 月，针对碳中和背景下的我国家庭能源消费进行了全国入户调查。本次问卷涉及共 10 个省份 25 个市区共计 1043 户家庭，其中市区：县城：农村≈3.6：3：2.5。调查问卷共分为 3 个大模块，包括：①家庭与个人的基本情况（包括家庭的住房基本信息）；②碳认知与碳支付意愿；③家庭能源设备和家用电器的基本信息，以及其使用时的用能用电行为。

本次报告主要以新一轮的家庭能源消费调查（CRECS 2021）数据为基础，通过对微观数据进行统计分析，描绘我国在碳中和背景下的家庭能源消费的基本模式和主要特征，以及碳认知和支付意愿的基本情况，并提供一些基础性参数评估，为相关政策制定提供数据基础与思路。具体而言，本书有以下几点主要发现。

1.2.1　我国家庭能源消费定量估计与对比分析

（1）2021 年我国居民家庭平均消耗能源（不含交通）为 876.14 千克标准煤，烹饪和供暖为主要的家庭能耗行为

2021 年我国居民家庭平均消耗能源（不含交通）为 876.14 千克标准煤。总体上看，家庭能源消费的主力是热力、电力和燃气类能源。热力的年户均消费量占到年能源消费总量的 44.8%；电力年户均消费量占到年能源消费总量的 34.5%；燃气户均消费量占到年能源消费总量的 17.09%；其他能源均小于 5%。从能源消费的用途上来看，烹饪和供暖仍占据绝大部分能耗。在交通用能方面仍是以燃油为主（包括柴油、汽油、煤油、乙醇汽油），以电力为辅。将交通能耗计算进去，2021 年的我国居民家庭平均能耗为 1041.9 千克标准煤。

（2）2021 年北方地区居民家庭能源消费量是南方地区的 1.53 倍，南方能源消费以电力为主，北方以集中供暖为主

我国家庭能源消费存在显著的南北差异。在能源消费总量上，2021 年北方地区居民家庭能源消费量是南方地区的 1.53 倍，人均消费量为后者的 2.04 倍。与南方地区相比，北方地区的能源消费主要在冬季采暖方面。南方地区的能耗以电力为主，北方地区的能源消费主要是集中供暖方面。南方地区居民家庭电力的消费占家庭能源消费总量的 60.01%，远高于北方地区的 23.76%。

（3）城市居民能源消费总量（含交通）是农村的 1.08 倍，城镇和农村的供暖能耗占比都较大

城乡居民的能源消费差异十分显著。城市居民能源消费总量（含交通）是农村居民能源消费总量（含交通）的 1.08 倍。城市家庭用于集中式供暖的热力消耗最多，其次为电力消费；农村家庭电力消费最高，其次为热力消费。与农村家庭相比，城市家庭薪柴/秸秆消费较少，燃气类能源消费较多。城市居民与农村居民烹饪耗能相差不大。城市和农村的供暖能耗所占的比例都较大。此外，无论是城市家庭还是农村家庭，制冷和家用电器耗能的占比都相对较小。

1.2.2　热力、电力和管道天然气是家庭碳排放最主要来源

标准化每个居民家庭，按各省户数加权后，每户居民家庭每年的碳排放为 2073.17 千克（不含交通）。与以往以煤为主的能源消费结构不同，本次调查发现热力、电力和管道天然气的消费量大幅上升，成为产生碳排放最主要的三大来源。北方居民家庭的年碳排放总量约为南方家庭的 2.69 倍，差异主要体现在供暖方面。城市家庭的年碳排放总量略高于农村家庭。

1.2.3　家庭碳不平等现象严重

使用洛伦兹曲线和基尼系数来衡量家庭碳排放的不平等情况，发现我国居民家庭当前的碳排放不平等问题仍十分严重。其中，西部地区居民家庭的碳排放最低，但不平等程度最高；中部地区居民家庭的人均碳排放量高于东部地区，相比于东部地区电力化的能源消费结构，中部地区的很多居民家庭仍然使用煤炭作为家庭能源消费的主要来源。

1.2.4　受访者的平均碳支付意愿

运用支付卡式引导技术调查计算受访者的碳支付意愿和受偿意愿，得到居民平均支付意愿和平均受偿意愿。随着投标值的上升，受访者愿意为碳减排进行支付的可能性下降。相比于城市，农村居民愿意支付的金额较低。全样本平均支付意愿为 30～37 元/月。相对于生态环境和物种多样性等生态环境影响，居民对于有关切身利益的自然灾害和健康影响更为关注。居民的环境责任意识对其碳减排支付意愿的驱动作用较弱，自然灾害和病毒传播的恐惧心理驱动作用更强，当居民必须承受碳排放引起灾害频发、损害自身和家人健康等不利后果时，其对于碳减排的意愿增强，倾向于每月承担更高的生活支出。居民对于通过减少用车以推动实现碳减排目标的受偿意愿均值为每月 38.13～45.58 元；对于通过减少用电以实现碳减排目标的受偿意愿均值在每月 39.92～47.50 元。

碳支付意愿与家庭能源消费结构的关系方面，受访者碳支付意愿与其所在家庭电力消费量占能源消耗总量的比例上存在正向关系，说明受访者碳支付意愿越强，其所在家庭越倾向于使用电力。居民对于减少用车和减少用电的受偿意愿受到碳认知水平的影响。

1.2.5　居民对绿色电力的受偿意愿受收入、受教育程度等的影响

　　居民受偿意愿分布很大程度上受居住空间的影响，居住在中部和东部的受访者相较于居住在西部的受访者具有更高的受偿意愿。同时，受教育程度越高的居民，越愿意使用绿色电力。

第 2 章 | 中国家庭与用能设备的基本特征

本章将通过对微观数据进行统计分析，描绘我国居民家庭与用能设备的基本特征，为社会大众理解家庭能源消费行为和模式提供翔实、具体的绘图。本章将首先介绍本次调查的问卷设计与实施情况，然后对调查所得的基础性数据进行整理和归纳，具体将从家庭、住房、厨房设备及家用电器、供暖与制冷、热水器、交通出行六个方面特征进行描述。

2.1　问卷设计与实施

此次问卷由中国人民大学应用经济学院组织实施，该机构负责整个问卷设计、样本抽样、数据统计与校对、研究报告写作等工作，并委托专业的调查机构进行访员培训、调查实施和数据回收与回访。

2.1.1　抽样

此次问卷开展时间为 2021 年 12 月至 2022 年 1 月，针对的是我国居民家庭在 2021 年度的家庭基本情况和能源消费状况。在问卷开展前，项目组前往河南省和浙江省进行了 3 次预调查，了解居民家庭用能情况和碳认知情况，确定最终问卷版本。

本次问卷抽样方案设计的全国目标样本量为 1000 户。随机选择省份，目标覆盖南、北地区的 10 个省，南、北地区省份比例相同。在省份内部，随机选择 2 个地级市，每个地级市覆盖市区、县和乡村的家庭。省份之间、市县乡之间的抽样家庭数按照总人口比例分配。由于受到疫情的影响，部分省份并没有严格按照人口比例分配的数量完成问卷，该省份问卷数量额度平均分配到其他不受疫情影响的省份。最终，如图 2-1 所示，此次调研共完成 1043 份问卷，覆盖北京、河北、吉林、浙江、河南、山西、广东、广西、贵州、甘肃共 10 个省（自治区、直辖市）。其中，市区、县城、农村的问卷比例为 3.6 : 3 : 2.5。

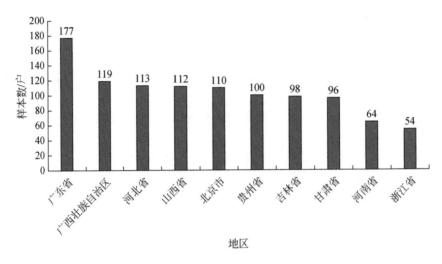

图 2-1　最终抽样的样本地区分布情况

2.1.2　问卷实施与质量控制

项目组委托专业化的调查机构进行本次问卷调查实施，调研过程高效、快速。问卷质量控制体现在以下方面：第一，本次调研采取电子问卷形式，以避免受访者跳过或漏答的情况发生。第二，项目组设计了《现场入户问卷重要注意事项》供现场调查时督导使用，以保证项目顺利开展。第三，为了提高受访者参与积极性和问卷质量，调研员将在访问前向受访者提供价值约 50 元的礼品。第四，在受访者选择方面，调研员被要求寻找实际了解家庭用能的成员，避免出现受访者完全不了解家庭用能情况的现象。第五，调查员在受访者填写问卷时期全程陪同，及时解答受访者的疑问。另外，在涉及家用电器能效等级的调查中，调查员会拍照留存，以防受访者错填。第六，问卷回收过程中，项目组根据问卷填写时间判断问卷有效性，一般来说问卷填写时长少于半小时，则判定无效，项目组剔除这一部分样本。另外，问卷中记录了受访者及其家庭的基本信息，调查机构组织了专门的数据回访团队，抽取问卷中最基本、最容易校验的问题，一旦发现同实际问卷结果不符的问卷，及时联系调查员进行核实。

2.2 家庭特征

2.2.1 受访者居住地特征

2.2.1.1 受访者居住地以城市地区居多

如图 2-2 所示，接受本次调查的 1043 户家庭中，绝大部分位于城市地区，其中占有效样本 43.53% 的家庭来自城市中心地区，占有效样本 29.24% 的家庭来自城市边缘地区。来自农村地区的家庭占有效样本的 27.23%。第七次全国人口普查结果显示，我国城镇居民人口占总人口的比例为 63.89%，乡村居民所占比例为 36.11%。此次调研数据基本符合全国城乡居民分布特征。

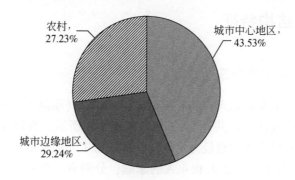

图 2-2 受调查居民家庭分布情况

2.2.1.2 城市地区居民家庭所处社区以普通商品房小区居多

如图 2-3 所示，在接受调查的 759 户城镇家庭中，其所处社区类型大部分为普通商品房小区，有 417 户家庭，占有效样本的 54.94%。其次为未经改造的老城区，有 116 户家庭，占有效样本的 15.28%。单一或混合单位社区和保障性住房社区，分别有 87 户和 74 户，占有效样本的 11.46% 和 9.75%。新近由农村社区转变过来的城市社区（村改居、村居合并或"城中村"）占比较少，不足 8%，而别墅区或高级住宅区占比最少，为 1.45%。

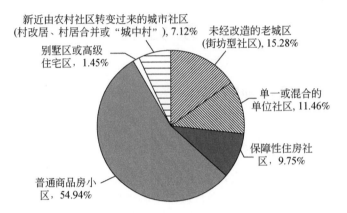

图 2-3　受调查居民家庭所处社区类型

2.2.2　家庭结构特征

2.2.2.1　居民家庭中三口之家居多

本次调查中关于家庭总人口的有效受访住户样本（剔除了缺失值之后的有效住户样本，简称有效样本）共计 1043 户。如图 2-4 所示，在接受调查的家庭之中，以 3 人或 2 人组成的家庭最为常见，总人口为 3 人的家庭有 360 户，占有效样本的 34.52%。总人口为 2 人和 4 人的家庭，分别有 269 户和 216 户，占有效样本的比例分别为 25.79% 和 20.71%。总人口为 1 人和 5 人组成的家庭，分别有 84 户和 75 户，占有效样本的比例分别为 8.05% 和 7.19%。6 人家庭较少，占有效样本的比例不足 4%。7 人、8 人及以上人口的家庭所占比例均不到有效样本的 1%。

根据第七次全国人口普查的数据，我国不同规模的家庭户类别中以 3 人户最多，2 人户数目略少于 3 人户，4 人户数目紧随其后。可见，本调查中家庭总人口的统计结果与全国普查的结果基本一致。

2.2.2.2　家庭人口主要由户主及其配偶和子女构成

本次问卷对于家庭成员婚姻状况的调查，只针对户主及受访者本人展开，有效样本为 1043 人。如图 2-5 所示，已婚人口为绝大多数，所占比例为 76.99%；其次为未婚人口，所占比例为 19.27%；离婚和丧偶的人口占比较少，分别为 2.49% 和 1.25%。

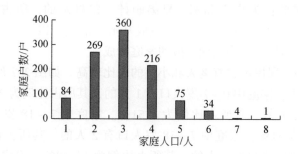

图 2-4　家庭常住人口情况

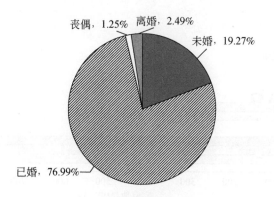

图 2-5　家庭成员婚姻状况

　　受访居民家庭人口主要由户主及其配偶和子女构成。如图 2-6 所示，受访人员为户主本人的占调查总人数的 64.82%；为户主配偶或子女的，分别占比为

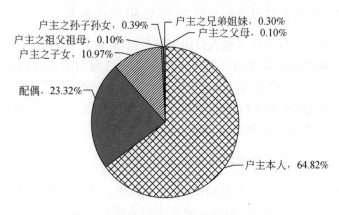

图 2-6　家庭常住人口家庭关系构成情况

23.32%和10.97%；为户主孙辈、兄弟姐妹、父母辈的，所占比例均未超过1%。因此，调查样本的家庭常住人员组成基本上形成了以户主、户主配偶和其子女为主的家庭结构，符合我国一般的家庭构成。

本次调查中，居民家庭有老人和小孩的占比较高。如图2-7所示，本次调查的1043户家庭中，家庭中0~7岁人口有1人的，其所占比例为25.7%；家庭中0~7岁人口有2人的，其所占比例为4.51%。家庭中7~18岁人口有1人的，其所占比例为25.31%；家庭中7~18岁人口有2人的，其所占比例为6.23%。家庭中60岁及以上人口有1人的，其所占比例为14.48%，家庭中60岁及以上人口有2人的，其所占比例为11.79%。

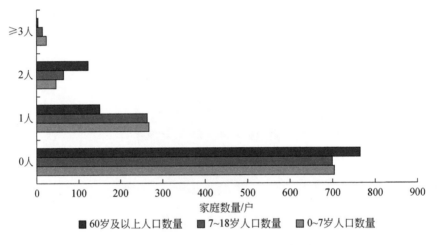

图2-7　居民家庭中特殊年龄段人口分布情况

2.2.2.3　家庭人口出生年份以20世纪80年代居多

如图2-8所示，样本中家庭人口出生年份以20世纪80年代居多。1980年之前，出生人口随时间推移递增。其中，50年代及之前出生人口占受访总人口的比例为4.9%，60年代出生人口占比为13.71%，70年代出生人口占比为17.35%，80年代出生的人口占比为34.32%，90年代出生人口占比为25.79%，2000年之后出生的人仅占调查人口的3.93%。

2.2.2.4　家庭成员健康状况普遍良好

如图2-9所示，在接受调查的1043户家庭中，没有人患有呼吸系统疾病的为绝大多数，所占比例为97.51%；家庭中有人患有哮喘或支气管炎的，占比为

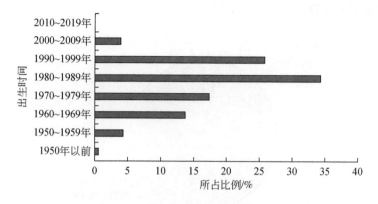

图 2-8　调查人口出生时间分布情况

2.01%；家庭中有人患有肺炎或肺气肿的，占比为 0.48%。与此同时，如图 2-10 所示，在接受调查的家庭中，没有人患有心脑血管疾病为绝大多数（96.46%），少数家庭中有成员患有中风、脑梗或心脏病（2.78%），极少数家庭中有人有心悸、气短、恶心、呕吐的情况（0.76%）。

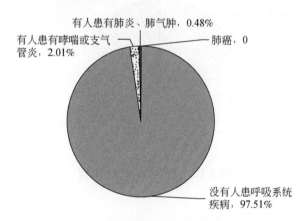

图 2-9　居民家庭成员呼吸系统疾病患病情况

2.2.2.5　受教育水平以大专和初中文化为主

本次调查中，接受调查者教育水平分布较为平均。如图 2-11 所示，其中具有大专和本科文化水平人员最多，占比分别为 29.05% 和 21.86%。其次为接受过初中教育的人员，占样本总数的 21.38%。包括中专和职高在内的高中文化水平人员相对较少，占有效样本数的 21.28%。另外，有极少数人未接受过正规教育或接受过硕士教育。

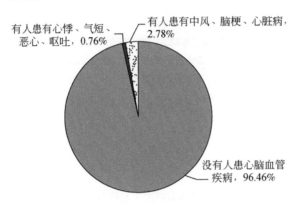

图 2-10　居民家庭成员心脑血管疾病患病情况

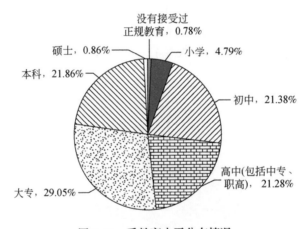

图 2-11　受教育水平分布情况

2.2.3　职业与收入特征

2.2.3.1　职业类型多样

本次调查人口中职业类型比较多样且分散。如图 2-12 所示，在 1043 个有效样本中，自由职业者有 217 人，占比为 20.81%；农民和个体经营者占比分别为 15.53% 和 12.66%；非国企公司职员和事业单位职工占比分别为 12.27% 和 9.59%。其余各职业人数较少，其中工人占比为 8.15%，国企公司职员和服务业从业者占比分别为 6.23% 和 6.90%，其他职业者占比为 4.60%、学生占比为 2.68%，公务员占比不足 1%。

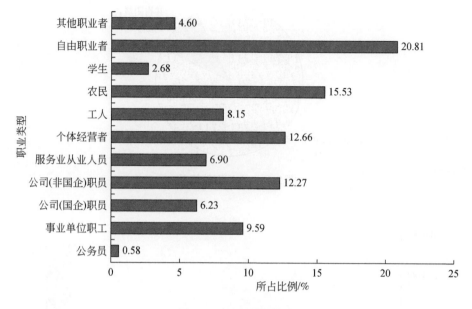

图 2-12　职业类型情况

2.2.3.2　政治面貌以群众为主

本次调查中，在 1043 个有效样本中政治面貌以群众为主。如图 2-13 所示，群众人数为 856 人，占比为 82.07%；共青团员占比为 10.55%，中共党员或预备党员占比为 7.38%。调查人口中没有民主党派人士。

2.2.3.3　家庭年收入存在明显差距

在 1043 户有效样本中，按家庭年收入差别分为五组。如图 2-14 所示，低收入组、中间偏下组、中间收入组、中间偏上组和高收入组，平均年收入分别为 34 964.05 元、71 803.57 元、98 876.40 元、146 059.80 元和 272 753.60 元。家庭之间存在较为明显的收入差距。

在家庭收入中，绝大多数家庭的农业收入占比较少，有 776 户家庭农业收入占比在 8% 及以下，占有效样本的 74.40%。在农业收入占比较大的家庭中，只有 15 户家庭的农业收入占比达到总收入的 100%，不足有效样本的 1.5%。由此可见，农业收入在家庭收入中的占比较少。

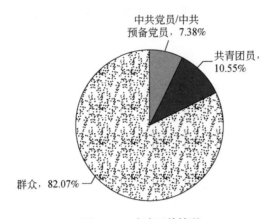

图 2-13　政治面貌情况

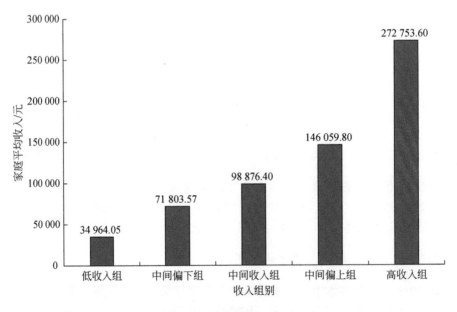

图 2-14　家庭年收入情况

2.2.3.4　家庭年均支出存在明显差距

本次调查中关于家庭年支出的有效样本共计 1040 户。如图 2-15 所示，将家庭年支出分为五组，家庭年均支出分别为低支出组、中间偏下组、中间支出组、中间偏上组和高支出组，家庭年均支出分别为 22 181. 51 元、45 567. 69 元、

62 962.69 元、90 934.78 元和 178 209 元。由此可以看出，大部分家庭年支出仍存在较大差距。

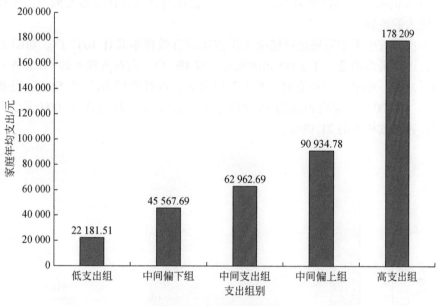

图 2-15　家庭年支出情况

本次调查中关于家庭衣食住行支出占比的有效样本共计 1031 户。由图 2-16

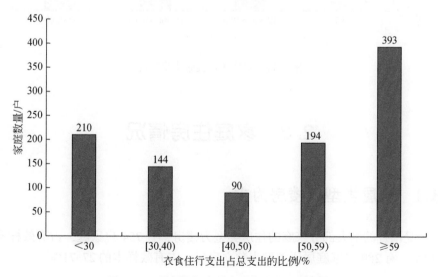

图 2-16　衣食住行支出占总支出的比例情况

可知，衣食住行支出占总支出的分布呈现倒 U 形（图中分组参考了恩格尔系数的指标）。其中，占比大于等于 59% 的家庭数量占总数的比例为 38.12%；占比小于 30% 的家庭，其比例为 20.37%。在衣食住行支出占比上参与调查的家庭呈现出较大的差异。

本次调查中关于家庭医疗健康支出占比的有效样本共计 1043 户。如图 2-17 所示，占比最多的是小于 2500 元的家庭，有 496 户，占有效样本的 47.56%；其次为 [2500, 5000) 元的家庭，有 131 户家庭，占有效样本的 12.56%；花费在 [5000, 10 000) 的家庭占比为 18.79%；医疗健康支出花费在 10 000 元以上的家庭，占有效样本的 21.09%。

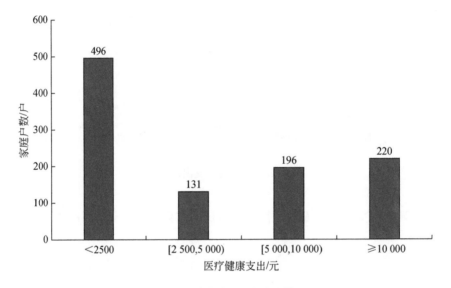

图 2-17　家庭医疗健康支出情况

2.3　家庭住房情况

2.3.1　房屋类型以楼房为主

接受调查的绝大部分家庭的住房类型为楼房，有 754 户家庭，占有效样本的 72.29%。有 289 户家庭居住类型为独立房屋，占有效样本的 27.71%。

2.3.2　建造年代主要以 21 世纪初居多

如图 2-18 所示，建造年代在 2001~2010 年的房屋数量最多，有 429 户，占有效样本的 41.13%；其次为 2010 年以后建造的房屋，有 321 户，占有效样本的 30.78%；有 257 户的住房在 1978~2000 年建造，占有效样本的 24.64%；1978 年以前建造的住房较少，仅有 36 户，占有效样本的 3.45%。总体来看，住房建造年代集中在商品房市场化改革之后。

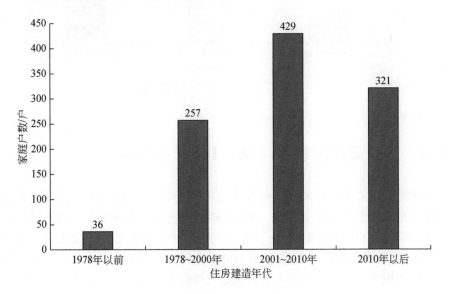

图 2-18　住房建造年代情况

2.3.3　入住年份集中在 2010 年后

如图 2-19 所示，房屋入住年份集中在 2010 年之后，有 585 户，占有效样本的 56.09%；其次为入住年份在 2001~2010 年的，有 339 户，占有效样本的 32.5%；2000 年以前入住的家庭数量较少，共有 119 户，占有效样本的 11.41%。

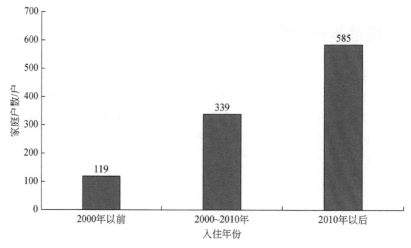

图 2-19　入住当前住房的年份情况

2.3.4　房屋面积大多在 [60，144) 平方米

本次调查中关于住房面积的有效样本共计 1043 户。如图 2-20 所示，住房建筑面积分布呈现倒 U 型，集中在 [90，144) 平方米，有 476 户，占有效样本比例为 45.64%；住房建筑面积在 [60，90) 平方米的家庭，有 292 户，占比为 28.00%；住房建筑面积小于 60 平方米的家庭较少，有 107 户，占比为 10.26%；住房建筑面积大于等于 144 平方米的家庭同样较少，有 168 户，占比为 16.11%。

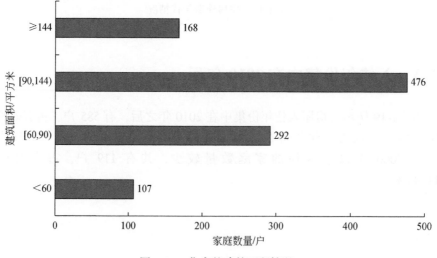

图 2-20　住房的建筑面积情况

如图 2-21 所示，住房实际使用面积相比建筑面积较少。住房实际使用面积集中在 [75，120) 平方米，有 481 户，占有效样本的 46.12%；住房实际使用面积大于等于 120 平方米的家庭有 234 户，占比为 22.43%；住房实际使用面积在 [50，75) 平方米的家庭有 228 户，占比为 21.86%；住房实际使用面积小于 50 平方米的家庭有 100 户，占比为 9.59%。

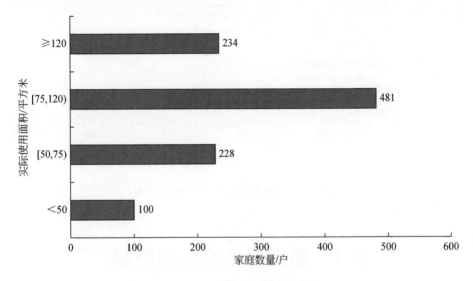

图 2-21　住房的实际使用面积情况

2.3.5　日照时长适合

本次调查中关于住房平均日照时长的有效样本共计 1043 户，大部分住房日照时长适合。如图 2-22 所示，冬季平均日照时长分布大致呈现 U 型，分布最多为 [4，5) 小时，占有效样本的 21.57%；其次为 [3，4) 小时和 [5，6) 小时，分别有 180 户和 177 户，占有效样本的 17.26% 和 16.97%。夏季平均日照时长相对冬季较多，且随日照时长增加分布呈现递增趋势，分布最多的为大于等于 8 小时，有 201 户，占有效样本的 19.27%；其次为 [6，7) 小时和 [5，6) 小时，分别有 195 户和 176 户，占有效样本的 18.70% 和 16.87%。

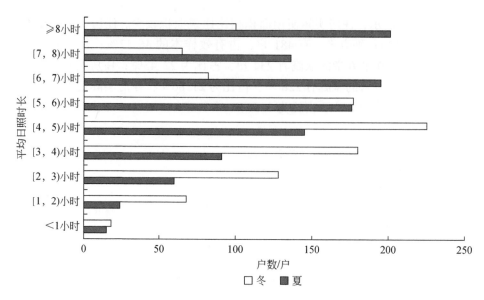

图 2-22 住房冬夏平均每天日照时长情况

2.4 厨房设备及家用电器

2.4.1 厨房设备

2.4.1.1 设备种类以各类灶头和电磁炉为主

本次调查涉及的厨房用能设备主要包括各类灶头及电饭煲、电水壶等其他烹饪设备。受访的 1043 户家庭总共拥有 898 个灶头，平均拥有数量为 0.86 个。如图 2-23 所示，其中使用煤气灶的家庭最多，占总体的 61.92%；其次为电磁炉，占比为 36.19%；此外，有 0.78% 的家庭使用柴火灶/土灶，有 0.67% 的家庭使用蜂窝煤炉，还有少数家庭使用沼气炉和太阳能灶。

如图 2-24 所示，受访家庭使用的煤气灶燃料类型中，57.91% 为管道天然气，29.32% 为瓶装液化气，12.77% 为管道煤气。如图 2-25 所示，使用的柴火灶/土灶燃料类型中，71.43% 为薪柴，28.57% 为秸秆。

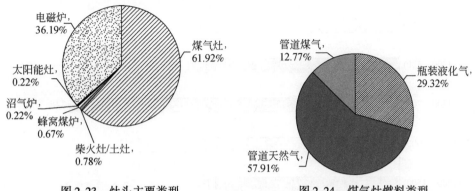

图 2-23　灶头主要类型　　　　　　图 2-24　煤气灶燃料类型

受访家庭拥有除灶头外的厨房设备共计 1114 件，如图 2-26 所示。其中，电饭煲的拥有量最多，占总体的 57.54%；其次依次为电水壶（21.72%）、微波炉（11.85%）、高压锅（3.86%）、烤箱（2.60%）等。

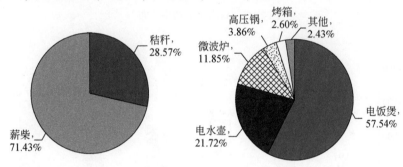

图 2-25　柴火灶/土灶燃料类型　　　图 2-26　其他厨房设备类型

2.4.1.2　设备功率多为 [500，700) 瓦

本次受访家庭厨房用电设备共计 1449 件，其功率分布和平均功率如图 2-27 和图 2-28 所示。其中功率大于等于 1500 瓦的设备占总体的 16.29%；[500，700) 瓦的设备数量最多，约占总体的 23.88%；其次为功率为 [700，1000) 瓦的，占总体的 18.91%；功率在 [1000，1500 瓦)、[300，500) 瓦和 300 瓦以下的设备分别占总体的 13.32%、14.01% 和 13.60%。从每一类用能设备的功率来看，电磁炉的平均功率最高，约为 1017.38 瓦，电饭煲的功率最低，约为 639.94 瓦。

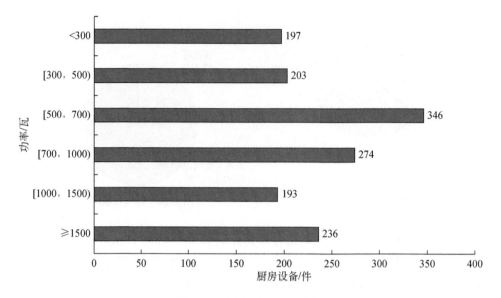

图 2-27　厨房设备功率分布

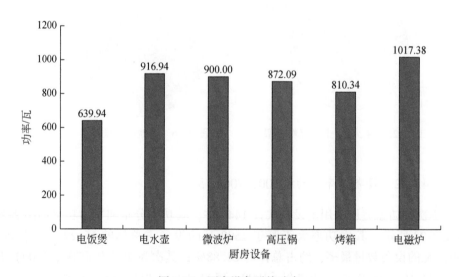

图 2-28　厨房设备平均功率

2.4.1.3　设备使用频率以每天 2 次及以上为主

如图 2-29 所示，从使用频率上看，38.86% 的灶头每天至少使用 3 次，

35.08%的灶头每天使用 2 次。在使用时间上，42.20%的灶头每次使用（30，45］分钟，32.07%的灶头每次使用（15，30］分钟（图2-30）。

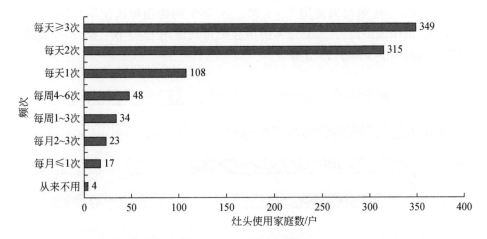

图 2-29　灶头使用频率

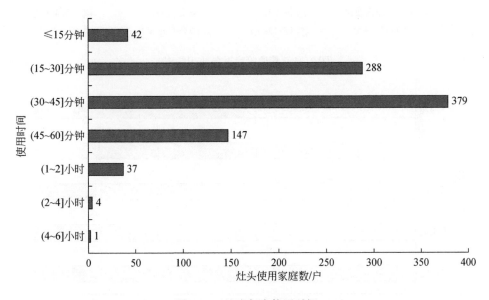

图 2-30　灶头每次使用时间

其他厨房用能设备的使用频率和每次使用时间如图 2-31 和图 2-32 所示。就电饭煲而言，45.55%的电饭煲每天使用 2 次，44.62%的电饭煲每次使用时间为（30，45］分钟；就电水壶而言，36.36%的电水壶每天使用次数为 3 次以上，

67.77%的电水壶每次使用时间小于等于 15 分钟；就高压锅而言，23.26% 的高压锅每天使用 1 次，32.56% 的高压锅每次使用时间为（15，30］分钟；就烤箱而言，31.03% 的烤箱每周使用 1～3 次，34.48% 的烤箱每次使用时间为（15，30］分钟；就微波炉而言，26.52% 的微波炉每周使用 1～3 次，66.67% 的微波炉每次使用时间小于等于 15 分钟。

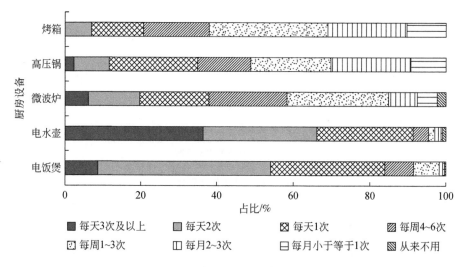

图 2-31　其他厨房设备使用频率

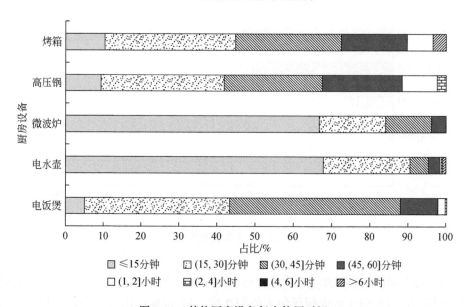

图 2-32　其他厨房设备每次使用时间

2.4.1.4 大部分设备无能效标识

如图 2-33 所示，48.36% 的电饭煲、10.33% 的电水壶、39.39% 的微波炉、20.93% 的高压锅和 31.03% 的烤箱贴有能效标识，可见大部分厨房设备没有能效标识。在有能效标识的设备中，24.65% 的电饭煲为三级能效，4.96% 的电水壶为一级能效，15.15% 的微波炉为二级能效，11.63% 的高压锅为一级能效，24.14% 的烤箱为一级能效。

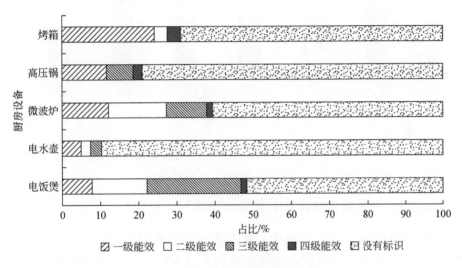

图 2-33　厨房设备能效等级分布

2.4.2　家用电器

2.4.2.1 家用电器以冰箱、洗衣机、电视机和空调为主

如图 2-34 所示，受访家庭拥有冰箱①台数为 867 台，平均每百户家庭拥有 83.13 台，其中 97% 为电冰箱，仅有 3% 为冰柜；拥有洗衣机②台数为 733 台，平均每百户家庭拥有 70.28 台，其中 89.9% 为洗衣机，9.83% 为洗烘一体机，仅有 0.27% 为烘干机；拥有电视机共 726 台，平均每百户家庭拥有 69.61 台；拥有计

---

① 本书中冰箱如无特意区分研究，则为电冰箱和冰柜的合称。
② 本书中洗衣机如无特意区分研究，则为洗衣机、烘干机、洗烘一体机的合称。

算机台数为 174 台，平均每百户家庭拥有 16.68 台，其中 52.87% 为台式机，41.95% 为笔记本电脑，5.18% 为平板电脑；拥有空调 658 台，平均每百户家庭拥有 63.09 台。

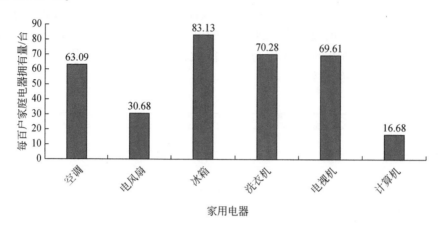

图 2-34　平均每百户家庭电器拥有量

2.4.2.2　电器购买时间集中在 2015 年后

如图 2-35 所示，受访家庭中，超七成的家用电器在 2015～2021 年购买，2000 年以前购买的家用电器占总体的比例不到 2%。从每一类家用电器来看，

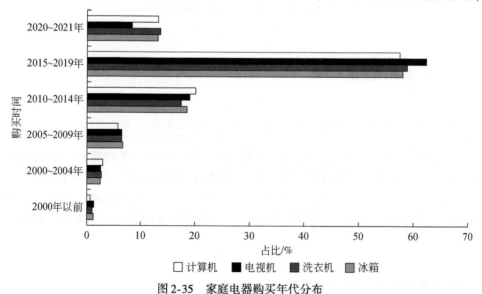

图 2-35　家庭电器购买年代分布

2010 年之后购买较多的家用电器中，洗衣机和电视机占 90% 左右。冰箱购买年份比较分散，但购买于 2010 年以后的冰箱占 90% 左右。计算机的购买年份则整体较晚，有 90% 左右购买于 2010 年以后。

2.4.2.3 电视机和计算机大多没有标识，冰箱和洗衣机以一级能效居多

如图 2-36 所示，在家用电器能效方面，电视机和计算机中没有标识占大部分，分别为 86.62% 和 93.68%。冰箱中一级能效占比较大，为 50.06%，二级能效、三级能效的电冰箱占比分别为 25.49% 和 7.61%。在有能效标识的洗衣机中，一级能效的占比最大，为 34.38%，其次分别为二级能效和三级能效，分别为 21.56% 和 12.82%。有能效标识的电视机中，二级能效和三级能效占比相当，均为 2.34%。有能效标识的计算机中，有 4.02% 为一级能效，1.15% 为二级能效。

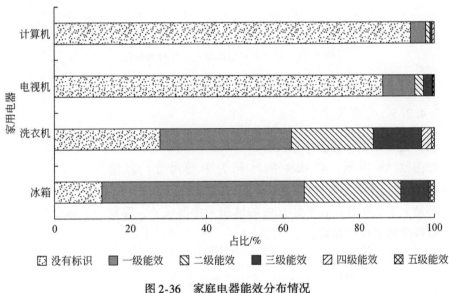

图 2-36　家庭电器能效分布情况

2.4.2.4 电器功率主要分布在（300，700］瓦

如图 2-37 所示，在部分家用电器额定功率方面，冰箱、洗衣机和电视机的功率分布大致相似，［300，1000］瓦分布最多，其中电视机和冰箱在（300，500］瓦的最多，占比分别为 21.22% 和 21.80%，洗衣机在（500，700］瓦的占比为 28.79%。功率大于 2000 瓦的家用电器中，电视机占比最多，为 3.11%。

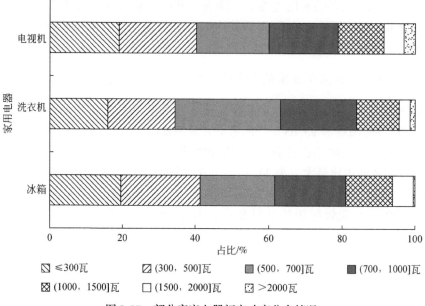

图 2-37　部分家庭电器额定功率分布情况

2.4.2.5　电器尺寸

(1) 近一半的冰箱为中型尺寸

如图 2-38 所示，47.06% 的冰箱为中型尺寸，容量为（75，150］升；31.83% 的冰箱为大型尺寸，容量为（150，250］升；11.19% 的冰箱为超大型尺寸，容量大于 250 升；有不足 10% 的冰箱为小型尺寸，容量小于等于 75 升。另外，有极少数半尺寸冰箱。

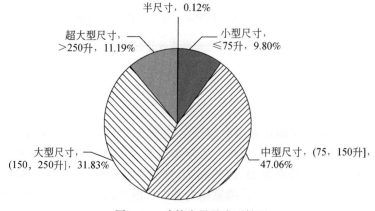

图 2-38　冰箱容量及类型情况

（2）洗衣机容量集中在（3，7］千克

本次调查得到了 470 台洗衣机容量的详细信息。如图 2-39 所示，有 279 台机器容量为（5，7］千克，占比为 59.36%；容量在（3，5］千克的洗衣机占为 35.74%；容量小于等于 3 千克的洗衣机占比为 4.26%；容量大于 7 千克的不足 1%。

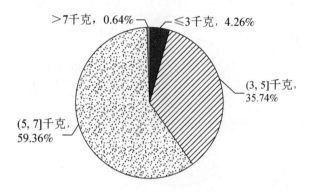

图 2-39　洗衣机容量情况

（3）电视机显示屏尺寸集中在（29，55］英寸

如图 2-40 所示，32.28% 的电视机显示屏的尺寸在（43，55］英①，23.72% 的电视机显示屏在（33，43］英寸，16.14% 的电视机显示屏在（29，33］英寸，14.07% 的电视机显示屏大于 55 英寸，13.79% 的电视机显示屏小于等于 29 英寸。

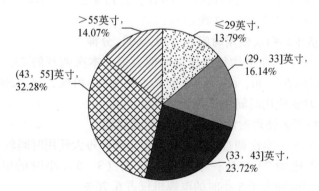

图 2-40　电视机显示屏尺寸情况

---

① 1 英寸=2.54 厘米。

（4）计算机屏幕尺寸集中在〔10，16〕英寸

如图 2-41 所示，从显示屏尺寸来看，9.77% 的计算机显示屏小于等于 10 英寸，28.74% 的计算机显示屏大于 10 英寸而小于等于 13 英寸，41.38% 的计算机显示屏大于 13 英寸而小于等于 16 英寸，14.37% 的计算机显示屏大于 16 英寸而小于等于 20 英寸，5.74% 的计算机显示屏大于 20 英寸。

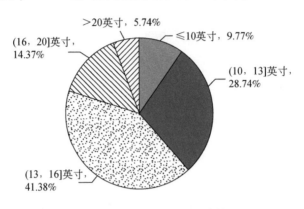

图 2-41　计算机显示屏尺寸情况

2.4.2.6　电器使用频率和时长

（1）洗衣机使用频率集中在每周 1~6 次

本次调查的 733 台洗衣机使用频率集中在每周 1~3 次，占比达 48.16%；39.02% 使用频率在每天一次到每周 4~6 次；5.73% 使用频率高于每天两次；有不到 8% 使用频率低于每月 2~3 次。

（2）洗衣机平均每次使用时间在〔30，60〕分钟

如图 2-42 所示，在平均每次使用时间方面，本次调查的 733 台洗衣机中，平均每次使用时间在（30，60〕分钟的其占比为 70.81%，15.42% 使用时间大于 1 小时，13.77% 使用时间小于等于半小时。

（3）电视机每天使用时间集中在 3 小时及以内

如图 2-43 所示，本次调查的 725 台电视机整体每天使用时间较短，集中在 3 小时及以内，占比为 73.66%；平均每天使用（3，5〕小时的电视机占比为 19.59%，而使用时间大于 5 小时的电视机仅占 6.76%。

（4）计算机平均每次使用时间集中在 5 小时及以内

如图 2-44 所示，在计算机使用方面，大部分计算机平均每天使用时间相对较短，使用时间集中在 5 小时及以内，其中有 24.14% 的计算机平均每天使用时长小于等于 1 小时，分别有 21.84% 和 18.97% 的计算机平均每天使用（2，3〕

小时和（3，5］小时，有 17.82% 的计算机使用时长为（1，2］小时，仅有 2.30% 的计算机平均每天使用在（8，12］小时，另有 8.05% 的计算机从不使用。

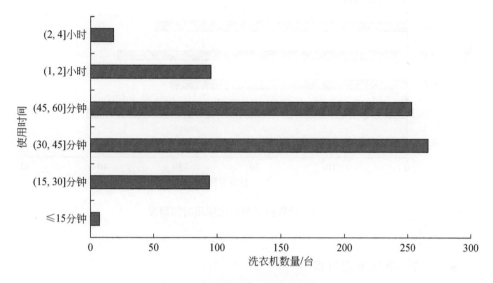

图 2-42　洗衣机平均每次使用时间情况

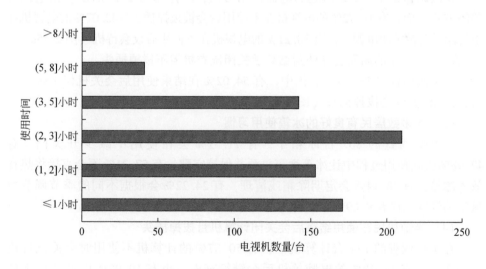

图 2-43　电视机平均每次使用时间情况

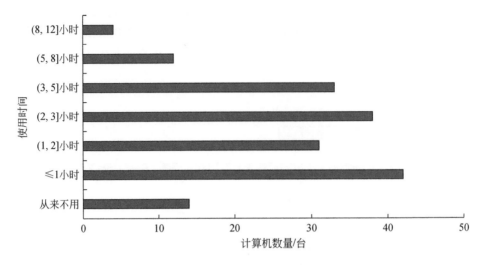

图 2-44　计算机平均每次使用时间情况

2.4.2.7　电器使用习惯

(1) 大多数居民在使用结束后选择关闭电视机电源或待机

本次调查还涉及受访家庭的电器使用习惯，具体如图 2-45 所示。在电视机关闭方式方面，有 19.72% 的电视机在不使用后会被拔掉插头，42.07% 的电视机在不使用后会被关闭电源，而有 38.21% 的电视机在不使用后仅会待机（图 2-45a）。

(2) 超一半的居民会在使用结束后关闭洗衣机但不拔掉插头

在本次调查的 733 台洗衣机中，有 54.02% 在结束使用后会关机但不拔掉插头，而 45.98% 会拔掉插头（图 2-45b）。

(3) 大多数居民有良好的冰箱使用习惯

在本次调查的 867 台冰箱中，有 71.51% 会在使用中减少开关门，有 47.98% 会在使用过程中让冰箱远离热源并保持空隙，有 57.21% 不会直接将热食放入冰箱，有 48.44% 会定期除霜或清理，有 24.22% 会根据不同的季节调节冷藏室的温度，仅有 9.69% 以上行为都没有。

(4) 半数居民在使用结束后会关闭计算机且拔掉插头

在本次调查的 174 台计算机中，有 50.57% 的计算机不使用时会关机且拔掉插头，但有 34.48% 的电脑关机后会继续充电，也有 10.92% 的计算机不使用时会进入睡眠/待机状态，有 4.02% 的计算机不关机也不会进入睡眠或者待机状态。

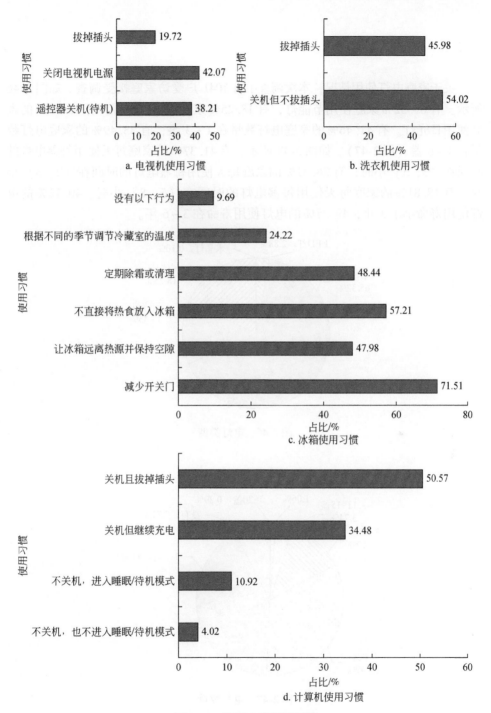

a. 电视机使用习惯

b. 洗衣机使用习惯

c. 冰箱使用习惯

d. 计算机使用习惯

图 2-45 家用电器使用习惯

注：选项为多选，因而占比相加不为 100%

2.4.3 电灯

关于家庭电灯使用情况，本次调查中有 1041 户受访家庭接受调查。如图 2-46 所示，有 65.32% 家庭使用节能灯，有 18.25% 家庭使用白炽灯，有 13.45% 的家庭使用日光灯。有 41.46% 的家庭电灯数量在 1～3 盏，有 33.49% 的家庭电灯数量在 4～6 盏（图 2-47）。如图 2-48 所示，有 41.37% 的家庭每天使用每盏电灯的时间在（3，5）小时，有 26.61% 的家庭每天使用每盏电灯的时间在（2，3）小时，有 18.81% 的家庭每天使用每盏电灯的时间在（5，8）小时。40.12% 的电灯使用寿命小于 3 年，49.27% 的电灯使用寿命在 3～6 年。

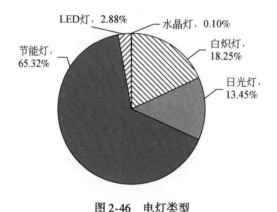

图 2-46 电灯类型

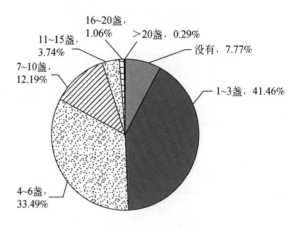

图 2-47 电灯数量

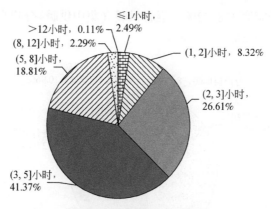

图 2-48　电灯使用时长情况

如图 2-49 所示，在使用习惯上，有 91.16% 的家庭会随手关灯，但仍有 8.32% 的家庭想不起来就忘记关灯，有 0.52% 的家庭不会随手关灯。

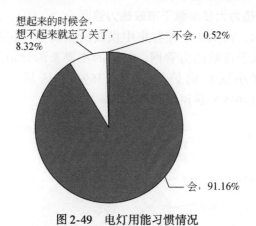

图 2-49　电灯用能习惯情况

2.5　制热与制冷情况

2.5.1　供暖

2.5.1.1　供暖类型

（1）供暖类型以集中供暖和分户供暖为主

如图 2-50 所示，在 1043 个有效样本中，采取集中供暖的家庭占 38.26%，采取分户自供暖的家庭占8.72%，混合供暖（集中供暖+分户自供暖）的家庭占0.96%，没有供暖的家庭占52.06%。

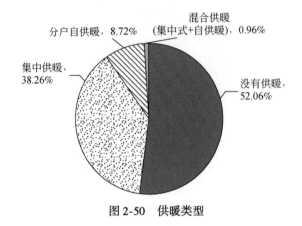

图 2-50 供暖类型

（2）集中供暖热力大多来源于市政热力管网

如图2-51所示，在409个拥有集中供暖的家庭中（包括混合供暖家庭），79.22%的热力来源于市政热力管网，其他的主要来源分别为区域热电站供暖（9.54%）、区域（小区）锅炉供暖（6.36%）、区域工业余热管道供暖（3.42%）和区域（小区）热风供暖（0.49%）。

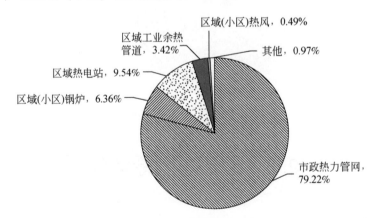

图 2-51 集中供暖热力来源情况

（3）供暖介质大多为热水

如图2-52所示，从供暖介质来看，91.65%的家庭通过热水来供暖，6.63%通过蒸汽来供暖，还有少部分通过热风和其他媒介供暖。

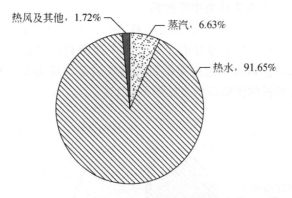

图 2-52　集中供暖介质情况

2.5.1.2　供暖设备

(1) 大多家庭拥有一台供暖设备

在本次调查中共有 107 台家庭供暖设备。绝大多数家庭只有一台供暖设备，占比为 66.34%；其次为没有供暖设备的家庭，占比为 17.82%；再次为拥有 2 台和 3 台的家庭，占比分别为 7.92% 和 6.93%，拥有 4 台供暖设备的家庭仅有 1 家，占比不足 1%。

(2) 供暖设备以空调和壁挂炉管道供暖为主

在本次调查的 107 台家庭供暖设备中，42.99% 的供暖设备为空调，其次为壁挂炉管道供暖设备和采暖火炉，占比分别为 19.63% 和 12.15%，其余的供暖设备还有锅炉管道、电辐射取暖器和炕（占比均不足 7%）、油热加热器（占比为 3.74%），电热地膜（占比为 1.87%）（图 2-53）。

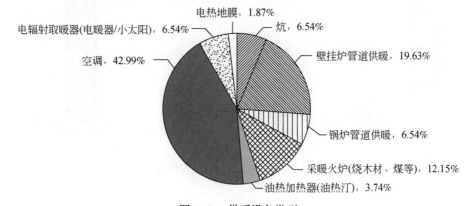

图 2-53　供暖设备类型

(3) 供暖设备以电力作为主要燃料

如图 2-54 所示,在供暖设备主要燃料方面,大部分供暖设备采用电力,占比为 60.75%,其次是以煤和管道天然气为主要燃料的供暖设备,占比分别为 18.69% 和 16.82%。以薪柴为主要燃料的供暖设备占比为 1.87%,以瓶装液化气和秸秆为主要燃料的供暖设备占比均不足 1%。

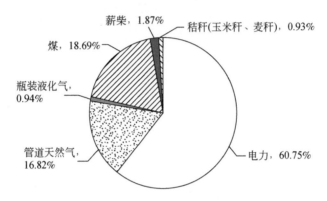

图 2-54 供暖设备主要燃料类型

(4) 设备购买年份集中在 2016~2021 年

如图 2-55 所示,在供暖设备购买年份方面,大部分供暖设备购买于 2016~2021 年,占比为 65.74%;其次为购买于 2011~2015 年的设备,占比为 17.59%;最后为购买于 2006~2010 年和 2005 年及以前的设备,占比分别为 12.04% 和 4.63%。

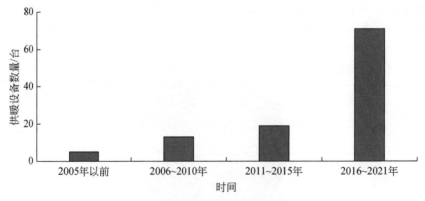

图 2-55 供暖设备购买时间情况

（5）供暖设备功率集中在（700，1500］瓦

如图 2-56 所示，本次关于供暖设备额定功率调查中共有 60 台设备，其中
28.33% 的设备额定功率为（1000，1500］瓦；其次是额定功率为（700，1000］
瓦的设备，占比为 21.67%；（300，500］瓦和大于 2000 瓦的供暖设备的占比均
为 16.67%；（1500，2000］瓦的供暖设备占比为 15%，其余功率占比不足 2%。

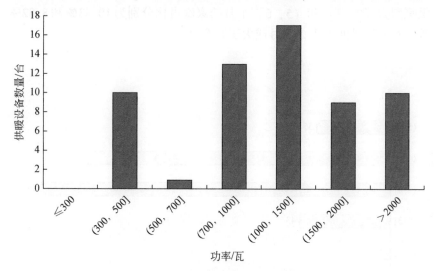

图 2-56　供暖设备额定功率情况

（6）大部分供暖设备没有能效标识

如图 2-57 所示，在能效标识方面，参与调查的 60 台设备中，24 台供暖设备
没有能效标识，其占比为 40%；其次为三级能效标识设备，占比为 26.67%；一
级能效和二级能效标识占比分别为 16.67% 和 15%。

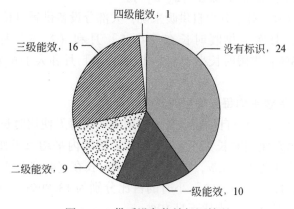

图 2-57　供暖设备能效标识情况

2.5.1.3 供暖时长

（1）集中供暖时长集中在（3，5］月

集中供暖时长因地区不同存在较为明显的差异。如图 2-58 所示，有 41.56%的家庭集中供暖时长为（3，4］月，有 36.02%的家庭集中供暖时长为（4，5］月，供暖期为（2，3］和（5，6］个月的家庭占比分别为 10.83%和 8.82%，还有少数家庭的供暖期小于 2 个月或大于 6 个月。

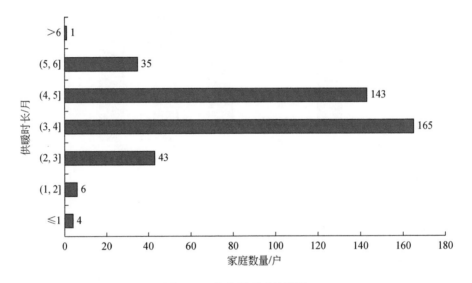

图 2-58 集中供暖时长情况

（2）分户自供暖采暖时长在（2，5］月

如图 2-59 所示，对于分户自供暖来说，大部分设备供暖时长在（3，4］月，占比为 33.70%；其次为供暖时长在（4，5］月和（2，3］月，占比分别为 23.91%和 22.83%；供暖时长小于 2 个月、（5，6］月和大于 6 个月的占比均不足 10%。

（3）分户自供暖平均每天使用时长较为分散

如图 2-60 所示，分户自供暖设备采暖期内平均每天使用时长存在较大差异，18.52%的设备每天使用时长大于 16 小时，采暖期内平均每天使用时长在（6，8］小时的设备占比为 16.67%，平均每天使用时长在（4，6］小时、（2，4］小时、（8，10］小时和（10，12］小时的占比分别为 13.89%、11.11%、11.1%和 10.19%，其余使用时长占比不足 10%。

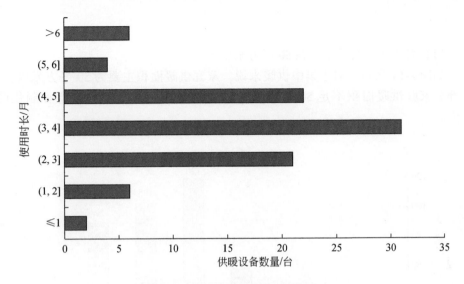

图 2-59　供暖设备供暖时长情况

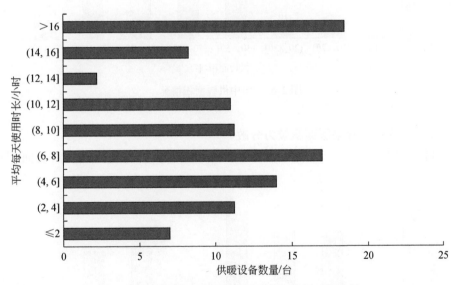

图 2-60　采暖期内供暖设备平均每天使用时长情况

2.5.1.4 供暖面积

（1）集中供暖面积主要在 50 平方米以上

如图 2-61 所示，对于集中供暖来说，家庭供暖面积主要为 50 平方米以上，少部分家庭供暖面积不足 50 平方米。75.06% 的家庭表示不能自主控制供暖温度。

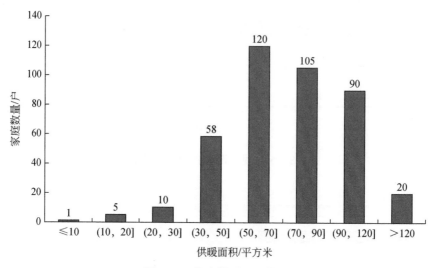

图 2-61　集中供暖面积情况

（2）分户自供暖采暖面积较为分散

如图 2-62 所示，对于分户自供暖来说，供暖面积较为分散。供暖面积在

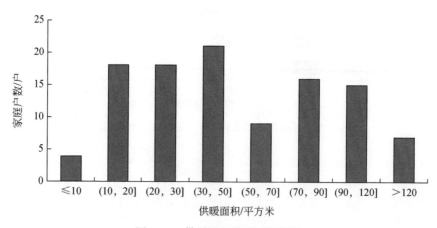

图 2-62　供暖设备供暖面积情况

（30，50］平方米的设备占比为19.44%，供暖面积在（10，20］平方米和（20，30］平方米的设备占比为16.67%，供暖面积在（70，90］平方米和（90，120］平方米的设备占比分别为14.81%和6.48%，其余的供暖面积较少。

2.5.1.5　供暖温度

（1）集中供暖温度集中在［20，26］摄氏度

如图2-63所示，本次调查的409户家庭中，有24.94%的家庭可以控制集中供暖的温度，而绝大多数（75.06%）的家庭无法控制集中供暖的温度。在可以调节集中供暖温度的102户家庭中，有97户家庭参与了集中供暖温度的调查。家庭可调节的供暖温度集中在［20，26］摄氏度，其中在22摄氏度的家庭比较多，共有19户，占比为19.59%；其次为设置在25摄氏度和20摄氏度的家庭，占比分别为15.46%和14.43%；其余温度设置占比均不足10%。

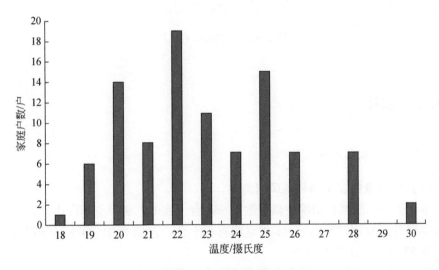

图2-63　集中供暖温度

（2）大多自供暖设备能够调节温度，且温度集中在［20，26］摄氏度

如图2-64所示，71.30%的自供暖设备可以调节温度，但28.70%的设备无法调整的自供暖设备。在可以调节温度的设备中，有58.90%的设备设置温度在［20，26］摄氏度，温度设置在［27，32］摄氏度和［45，50］摄氏度的设备占比分别为15.07%和13.70%，其余温度占比均不足5%。

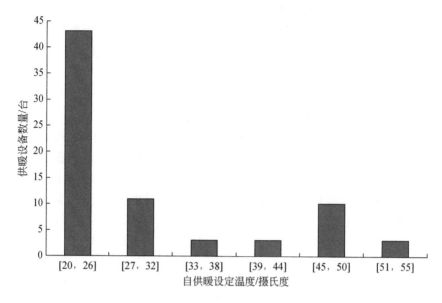

图 2-64　自供暖设定温度

2.5.2　制冷

2.5.2.1　制冷设备

（1）制冷设备以空调和电风扇为主

本次受访家庭拥有制冷空调台数为 658 台。其中，变频空调占比为 65.65%，定频空调占比为 34.35%；分体式空调有 601 台，占比为 91.34%；分户式中央空调有 57 台，占比为 8.66%。

本次受访家庭拥有电风扇台数为 320 台。其中，落地扇占比为 60.31%；台扇有 75 台，占比为 23.44%；吊扇有 44 台，占比为 13.75%；空调扇占比最小，为 2.50%。

（2）购买时间集中在 2010 年后

如图 2-65 所示，受访家庭普遍在 2010 年后购买制冷空调，所占比例为 89.90%。电风扇的购买年份整体较早，其中 2000 年以前购买的电风扇数占电风扇总数量的 2.19%，2010 年以后购买的电风扇数量占 86.25%。

（3）空调以 1 匹机和 1.5 匹机居多，电风扇功率集中在〔20，80〕瓦

空调 1.5 匹机占总数的比例为 30.24%，大 1 匹机占比为 23.10%，1 匹机占比为 29.33%，大于 1.5 匹空调的占比不超过 18%。

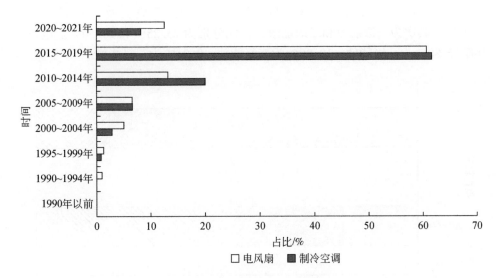

图 2-65　制冷设备购买年份情况

如图 2-66 所示，电风扇的额定功率整体偏低，集中在（20，80］瓦，占比为 86.88%。其中，额定功率为（40，60］瓦的电风扇占比最高，为 36.25%；小于等于 20 瓦的电风扇占比为 8.13%，大于 80 瓦的电风扇约占 5%。

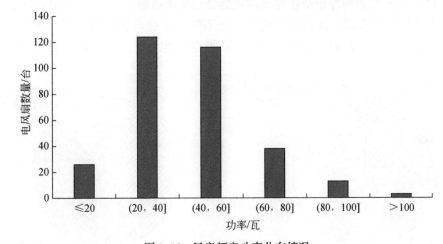

图 2-66　风扇额定功率分布情况

（4）绝大多数风扇没有能效标识，空调以三级能效居多

如图 2-67 所示，有能效标识的制冷空调中，三级能效占比最大，为 34.95%；其次为一级能效和二级能效，占比分别为 23.25% 和 15.50%。电风扇中有 16.88% 为一级能效，10.00% 为二级能效，9.06% 为三级能效。

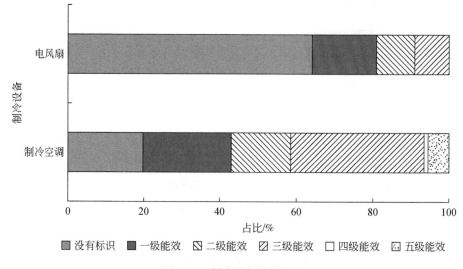

图 2-67　制冷设备能效情况

（5）近一半的制冷设备在使用结束后会被关闭电源

在使用习惯方面，被调查家庭中存在不同的家庭电器使用习惯。如图 2-68 所示，有 44.38% 家庭在使用完后会关闭空调电源，有 38.59% 会待机，有

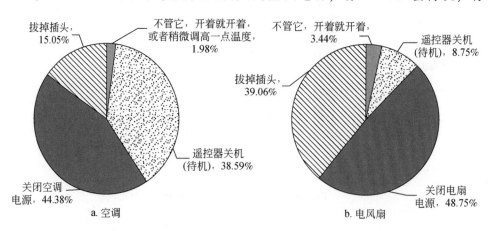

图 2-68　制冷设备使用习惯情况

15.05%会拔掉插头，仅有1.98%的家庭其空调会一直开着；有48.75%的家庭在使用完电风扇后会关闭电源，有39.06%会拔掉插头，有8.75%会待机，还有3.44%会一直开着。

2.5.2.2 制冷时长

(1) 制冷设备制冷期集中在（2，5］月

如图2-69所示，在本次调查的658台制冷空调中，使用时间集中在（2，5］月，占比为66.88%；使用时长超过5小时的占比为21.57%，而使用时长小于等于小时的空调占比仅为10%左右。在本次调查的320台电风扇里，使用时间集中在（2，5］月，其中占比最多的为（2，3］月（33.44%）；使用时长小于等于2个月的占比为11.57%。

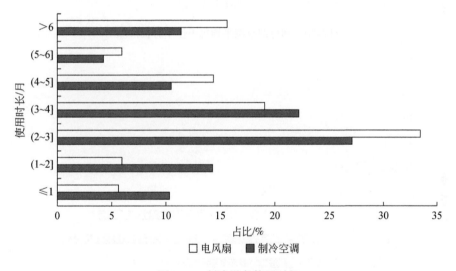

图2-69 制冷设备使用时长

(2) 制冷设备每天时长集中在（2，8］小时

如图2-70所示，本次调查的制冷空调中，制冷期内平均每天使用时间集中在（2，8］小时，其占比为72.34%；大于8小时的占比为17.84%，小于等于2小时的占比10.18%。如图2-71所示，本次调查的320台电风扇中平均每天使用时间集中在（2，8］小时，其占比为72.81%；使用时间大于8小时的电风扇不超过18%，使用时间小于等于2小时的仅占9.06%。

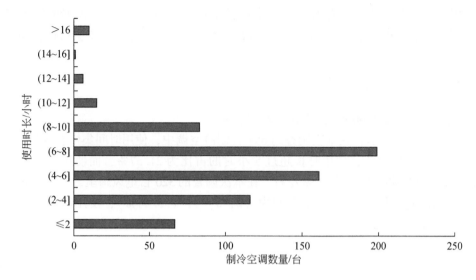

图 2-70　制冷期空调平均每天使用时长情况

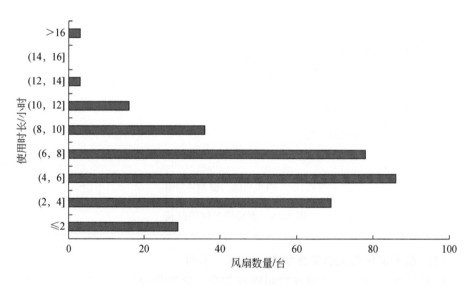

图 2-71　风扇平均每天使用时长情况

2.5.2.3　制冷面积集中

空调和电扇的覆盖面积有限。本次调查中的制冷空调和电风扇使用情况，如图 2-72 所示，覆盖面积集中在（10，20］平方米，其中空调占比为 41.29%，风扇占比为 42.50%。总体来看，空调的覆盖面积大于电风扇的覆盖面积。

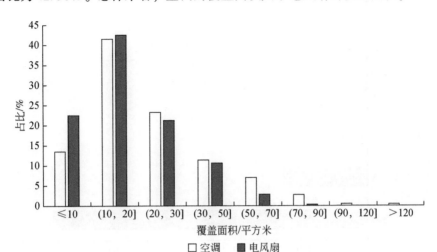

图 2-72　制冷设备覆盖面积情况

2.5.3　热水

2.5.3.1　热水器拥有量多为 1 台

1043 个样本家庭中有 33.08% 的家庭没有热水器，剩余的 698 个家庭共拥有 703 台热水器，绝大多数家庭只拥有 1 台热水器（占样本家庭的 66.44%），极少数家庭拥有多台热水器。

2.5.3.2　以储水式热水器为主要类型

由于每户家庭最多可填报两台热水器，我们共获得 703 台热水器的详细信息。其中，储水式热水器约占 62.3%，即热式热水器约占 37.7%。在受调查的 438 户家庭中，有 54.11% 的家庭采用一直加热的方式，45.89% 的家庭采用使用时加热的方式。

2.5.3.3　热水器以电力作为主要燃料

如图 2-73 所示，在热水器主要燃料上，受调查的 703 台热水器中有 70.47% 的热水器使用电力作为燃料，有 18.97% 的热水器以管道天然气/煤气作为燃料，有 9.84% 的热水器使用瓶装液化气或太阳能，极少数采用燃料油和太阳能电加热。

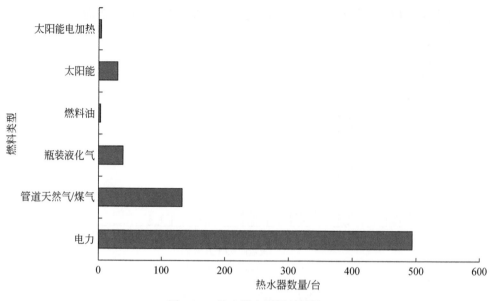

图 2-73　热水器主要燃料情况

2.5.3.4　热水器使用频率集中在每天 1 次及以上

如图 2-74 所示，在使用频率方面，703 台热水器中 31.29% 的热水器每天使

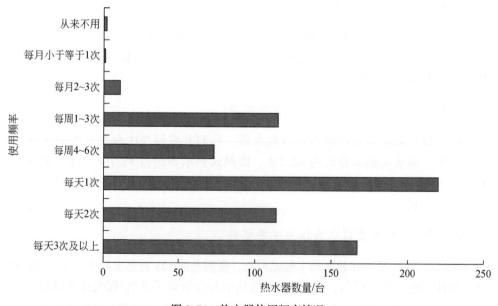

图 2-74　热水器使用频率情况

用 1 次, 23.76% 的热水器每天使用 3 次及以上, 每天使用 2 次和每周使用 1 ~ 3 次的占比分别为 16.22% 和 16.36%, 每周使用 4 ~ 6 次的占 10.38%, 极少数热水器使用频率低于每月 2 ~ 3 次。

如图 2-75 所示, 在每次使用时长上, 大部分热水器每次使用 (15, 30] 分钟, 其占比为 41.96%, 使用 (30, 45] 分钟和小于等于 15 分钟的, 占比分别为 28.45% 和 10.53%, 少数热水器每次使用时间大于 60 分钟。

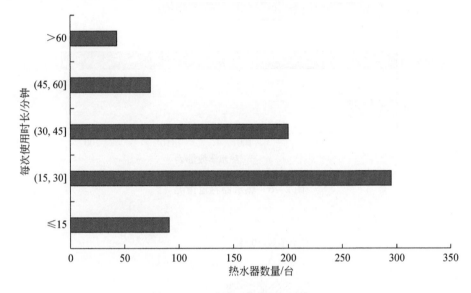

图 2-75　热水器每次使用时长情况

2.5.3.5　热水器容量集中在 (30, 100] 升

如图 2-76 所示, 在热水器容量方面, 受调查的 436 台热水器中, 有 50.46% 的热水器容量为 (30, 60] 升, 35.78% 的热水器容量为 (60, 100] 升, 容量在小于等于 30 升和容量为 (100, 180] 升的热水器占比分别为 7.80% 和 5.73%, 极少数热水器容量大于 180 升。

2.5.3.6　热水器以二级能效为主

如图 2-77 所示, 在热水器能效方面, 受调查的 703 台热水器中有 25.60% 没有能效标识, 二级能效的占比最多, 为 43.24%, 一级能效和三级能效的占比分别为 21.62% 和 8.39%, 极少数热水器为四级能效和五级能效。

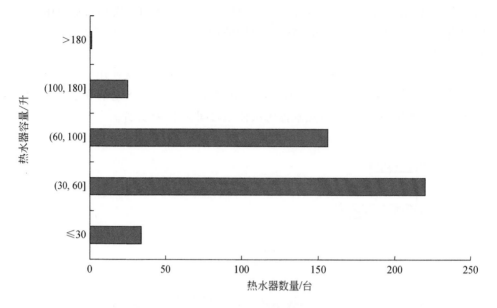

图 2-76　热水器容量情况

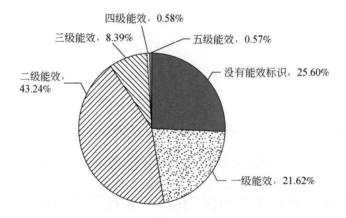

图 2-77　热水器能效情况

2.6 交通统计描述

2.6.1 私人交通

2.6.1.1 私家车

(1) 约六成的家庭没有私家车

如图 2-78 所示，1043 个被访家庭中，有 60.31% 的家庭没有私家车，有 37.39% 的家庭拥有 1 辆私家车，有 2.01% 的家庭拥有 2 辆私家车，仅 0.29% 的家庭拥有至少 3 辆私家车。受访家庭私家车拥有样本量为 441 辆，计算得出平均 100 个家庭的私家车拥有量为 42.3 辆。

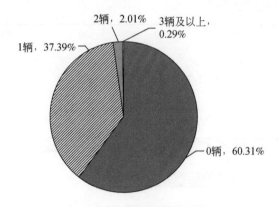

图 2-78 私家车拥有数量情况

(2) 私家车使用时间集中在 (1, 7] 年

如图 2-79 所示，在私家车的使用年限（从出厂到 2021 年底）方面，有 10.21% 的车辆使用年限在 1 年以内（包括 1 年），39.46% 的车辆使用年限为 (1, 4] 年，36.05% 的车辆使用年限为 (4, 7] 年，10.43% 的车辆使用年限为 (7, 10] 年，3.85% 的车辆使用年限大于 10 年。

(3) 私家车累计行驶里程较为分散

如图 2-80 所示，截至 2021 年底，有 25.39% 的私家车累计行驶里程小于 1 万千米，有 13.15% 的私家车平均行驶里程为 [1, 2] 万千米，有 6.35% 的私家车平均行驶 [2~3) 万千米，有 17.01% 的私家车平均行驶里程为 [3~5) 万千米，有 16.10% 的私家车平均行驶里程为 [5，8) 万千米，有 22% 的私家车行驶里程高于等于 8 万千米。如果取平均值，那么样本家庭截至 2021 年底的平均累计行驶里程为 5.28 万千米。

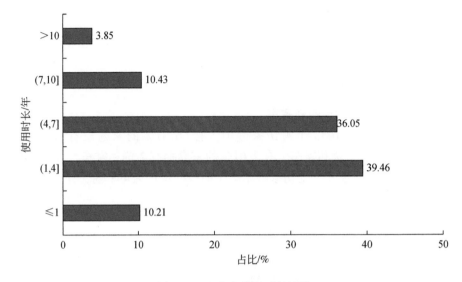

图 2-79 私家车使用时长情况

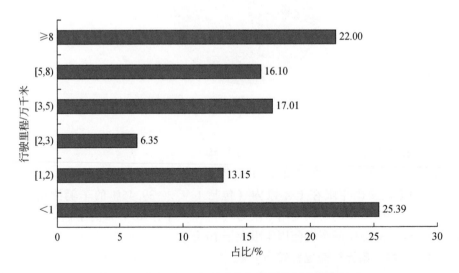

图 2-80 截至 2021 年底家庭驾车累计行驶里程情况

（4）私家车发动机排量集中在（1.3，2）升

如图 2-81 所示，在私家车发动机排量方面，如果将私家车发动机排量低于 1.6 升（含 1.6 升）的定义为小排量，那么受调查的私家车中有 55.78% 的私家车为小排量私家车。

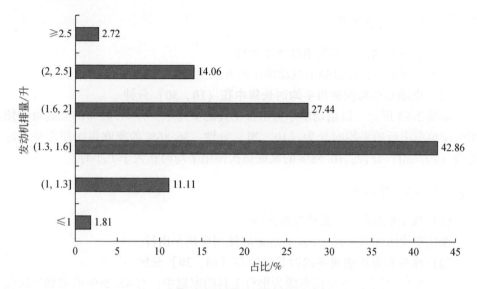

图 2-81　私家车发动机排量

（5）私家车以汽油作为主要燃料

如所图 2-82 示，受访家庭所拥有的私家车的燃料类型多样，包括汽油、乙醇汽油柴油、电力、混合动力、天然气等，但主要燃料是 92 号汽油。其中，有

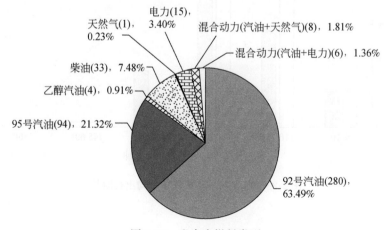

图 2-82　私家车燃料类型

280辆私家车使用92号汽油,所占比例为63.49%;使用95号汽油的私家车有94辆,所占比例为21.32%;有4辆私家车使用乙醇汽油;33辆车使用柴油,主要用于农用货车(三轮车)和货车(四轮车);有8辆车使用混合动力(汽油和天然气);有6辆车使用混合动力(汽油和电力);有15辆为电动车。

2.6.1.2　电动单车

(1) 近一半的家庭骑乘电动单车出行

受调查家庭中,通过骑乘电动单车的方式出行的占了近一半的比例。

(2) 电动单车每次使用平均时长集中在〔10,30〕分钟

如图2-83所示,以电动单车为出行工具的家庭中,有41.42%的家庭每次使用电动单车出行的平均时长为(10,20〕分钟,36.86%的家庭每次使用平均时长为(20,30〕分钟,10.58%的家庭每次使用平均时长大于1小时。

2.6.1.3　摩托车

(1) 仅7%的家庭骑乘摩托车出行

摩托车使用方面,仅7%左右的家庭使用摩托车出行。

(2) 摩托车每次使用平均时长集中在〔10,30〕分钟

如图2-83所示,以摩托车做为出行工具的家庭中,有43.28%的家庭每次使用摩托车出行的平均时长为(20,30〕分钟,28.36%的家庭每次使用平均时长为(10,20〕分钟,16.42%的家庭每次使用平均时长为(30,45〕分钟。

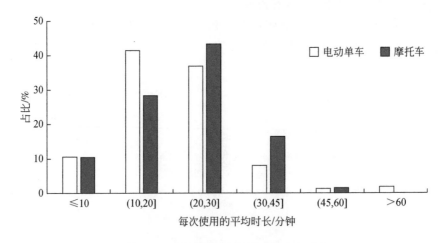

图2-83　电动单车和摩托车平均出行时长

2.6.2　公共交通

2.6.2.1　公交车/地铁

（1）近 6 成的家庭选择公交车或地铁出行

受调查家庭中有 59.64% 的家庭采用公交车或地铁的出行方式。如图 2-84 所示，有 23.49% 的家庭每周出行使用公交车或地铁 [1，5）次，有 15.92% 的家庭每周使用 [10，15）次。

（2）公交车或地铁平均每次时长集中在 [20，30）分钟

如图 2-85 所示，以公交车或地铁为出行方式的家庭中，有 39.87% 的家庭每次使用公交车或地铁出行的平均时长为 [20，30）分钟，27.33% 的家庭每次使用平均时长为 [10，20）分钟，14.63% 的家庭每次使用平均时长为 [30，45）分钟。

2.6.2.2　出租车

（1）约 3 成的家庭选择出租车出行

如图 2-84 所示，受调查家庭中有约三成的家庭以乘坐出租车为出行方式，其中有 20.13% 的家庭每周乘坐 [1，5）次。

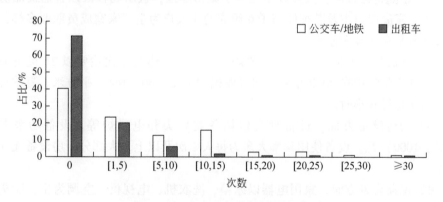

图 2-84　公共交通工具每周使用次数

（2）平均每次使用时长集中在 [10，20] 分钟

如图 2-85 所示，以出租车为出行方式的家庭中，有 48.32% 的家庭每次使用出租车出行的平均时长为 (10，20] 分钟，30.20% 的家庭每次使用平均时长为 (20，30] 分钟，12.75% 的家庭每次使用平均时长小于等于 10 分钟。

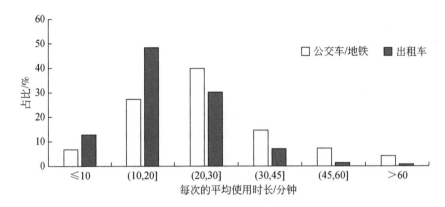

图 2-85　公共交通工具平均出行时长

2.7　本章小结

本章介绍了本次调查的问卷设计与实施情况，并对调研样本家庭、住房、厨房设备、家用电器、制热与制冷、交通出行六大方面特征进行了描述性统计分析。调查结果有如下发现：

1）家庭特征方面，大多数家庭位于城市地区，且所属社区以普通商品房小区为主。家庭以户主及其配偶与子女组成的 3 人户为主。家庭成员职业多样，家庭收入水平存在较大差异。

2）住房特征方面，楼房为主要的住房类型，建造年代主要以 21 世纪初居多，入住年份集中在 2010 年后，房屋面积大多在［60，144）平方米，夏季日照时间大多超过 6 小时。

3）厨房设备方面，设备种类包括各类灶头和电磁炉等。设备功率多在［500，1000）瓦。设备使用频率大多为每天 2 次及以上，大部分厨房设备无能效标识。

4）电器设备方面，家用电器以冰箱、洗衣机、电视机、空调为主，购买时间集中在 2015 年后，功率主要分布在（300，700］。电视机和计算机大多没有能效标识，冰箱和洗衣机以一级能效居多。近一半的冰箱或冰柜为中型尺寸，洗衣机容量集中在（3，7］千克，电视机显示屏大小集中在（29，55］英寸，计算机显示屏大小集中在（10，16］英寸。洗衣机使用频率集中在每周 1~6 次，平均每次使用时长在（30，60］分钟。电视机每天使用时长集中在（0，5］小时，计算机平均每次使用时长集中在（0，5］小时。大多居民在使用结束后会选择关闭电视机电源或待机，超一半的居民会在使用结束后关闭洗衣机但不拔掉插头，大多数居民有良好的冰箱使用习惯，半数居民在使用结束后会关机计算机且拔掉插头。

5）取暖设备方面，供暖类型以集中供暖和分户供暖为主。集中供暖热力大多来源于市政热力管网，供暖介质大多为热水。大多家庭拥有一台供暖设备，且设备类型以空调和壁挂炉管道供暖为主，以电力作为主要燃料。设备购买年份集中在 2016 年后，功率集中在（700, 1500]瓦。大部分供暖设备没有能效标识。集中供暖时长集中在（3, 5]月；分户自供暖采暖时长在（2, 5]月，平均每天使用时长较为分散。集中供暖面积主要在 50 平方米以上，分户自供暖采暖面积较为分散。集中供暖温度集中在[20~26]摄氏度，大多自供暖设备能够调节温度，且温度集中在[20~26]摄氏度。

6）制冷设备方面，制冷设备以空调和电风扇为主，购买时间集中在 2010 年后。空调以 1 匹机和 1.5 匹机居多，电风扇功率集中在（20, 80]瓦。绝大多数电风扇没有能效标识，空调以三级能效居多。近一半的制冷设备在使用结束后会被关闭电源。制冷设备制冷期集中在（2, 5]月，制冷设备每天时间时长集中在（2, 8]小时。制冷面积集中在（10, 20]平方米，空调覆盖面积更广。

7）热水器方面，家庭拥有热水器量多为 1 台，以储水式热水器为主要类型，以电力作为主要燃料，容量集中在（30, 100]升，以二级能效为主，使用频率集中在每天 1 及以上。

8）交通方面，约六成的家庭没有私家车。对于拥有私家车的家庭来说，汽车使用时间集中在（1, 7]年，累计行驶里程较为分散，发动机排量集中在（1.3, 2]升，以汽油作为主要燃料。近一半的家庭骑乘电动单车出行，电动单车每次使用平均时长集中在（10, 30]分钟。有 7% 的家庭骑乘摩托车出行，摩托车每次使用平均时长集中在（10, 30]分钟。近 6 成的家庭选择公交车或地铁出行，公交车或地铁平均每次时长集中在（20, 30]分钟。约 3 成的家庭选择出租车出行，平均每次使用时长集中在（10, 20]分钟。

第 3 章　家庭能源消费估计方法

本章将介绍家庭能源消费总量核算中用到的主要估计方法。为保证与以往家庭能源调查核算结果的可比性，此次能源消费核算所涉及的设备参数基本沿用第一次和第二次家庭能源消费核算时所采用的参数制定和核算方法。此次调查所涉及的家庭能源消费品种有 15 类：蜂窝煤/煤球、木炭、汽油/柴油/煤油、其他燃料油、液化石油气、管道天然气、管道煤气、沼气、畜禽粪便、薪柴、秸秆、电力、集中供暖、太阳能和地热等。家庭能源消费活动分为 5 类：烹饪、取暖、制冷、家用电器和热水。在对调查样本进行能源消费量核算之后，我们利用第七次全国人口普查数据对核算结果进行权重调整，得到加权后的标准家庭全年的能源消费量。本章为统计我国家庭的能源消费情况，追踪居民能源消费模式的变动趋势，提供了可靠的估计方法。

3.1　基本思路与方法

家庭日常衣食住行等活动通常伴随不同程度的能源消费，不同活动对能源种类需求并不相同，即使是同一活动，其所使用能源的种类亦可能并不唯一。除此以外，不同地区不同家庭出于地区获取能源的便捷性和经济性考虑，其能源消耗活动所涉及的能源种类更为多样，且由于不同家庭的活动频率存在差异，其对应的能源消费量亦有区别。因此，在核算家庭能源消费时，需具体至每个家庭在每项能源消费活动中所使用的能源种类，并根据其活动特征（如使用频率、使用时长等）得出该能源的实际消费量，并核算家庭各项活动的各类能源消耗量，从而得出该家庭的能源消费总量。

假设有 i 个家庭，使用了 n 类能源种类（如煤、天然气、液化石油气、电力等），能源主要用于 m 类消费活动（如烹饪、家电使用、取暖制冷等）。对于第 i 个家庭，以 $\text{Energy}_{i,m,n}$ 表示第 n 种能源用于第 m 类活动的实物消费量，相应地可以根据每类能源品的折标系数 $coef_n$ 将其所消费的能源调整为以千克标准煤计量的标准能源消费量。

第 i 个家庭全年的能源消费量按式（3-1）计算：

$$\text{Energy}_i = \sum_{m=1}^{M} \sum_{n=1}^{N} \text{Energy}_{i,m,n} \times coef_n \tag{3-1}$$

第 i 个家庭的第 n 类能源消费量计量公式为：

$$\text{Energy}_{i,n} = \sum_{m=1}^{M} \text{Energy}_{i,m,n} \times \text{coef}_n \tag{3-2}$$

与之类似，第 i 个家庭的第 m 类活动的能源消费量为：

$$\text{Energy}_{i,m} = \sum_{n=1}^{N} \text{Energy}_{i,m,n} \times \text{coef}_n \tag{3-3}$$

本次调查所涉及的能源有 15 类，包括蜂窝煤/煤球、木炭、汽油/柴油/煤油、其他燃料油、液化石油气、管道天然气、管道煤气、沼气、畜禽粪便、薪柴、秸秆、电力、集中供暖、太阳能和地热等。

家庭能源消费活动包括烹饪、取暖、制冷、家用电器和热水。为了同其他同类研究进行比较，我们计算了家庭私人交通能源消费，但没有包含到家庭能源总消费中，仅在本章 3.5 节中进行描述性统计分析。烹饪设备和家用电器的消费量主要由设备的单位能耗（如电力设备的输出功率或非电力烹饪设备的燃料单位消耗流量）、使用频率和使用时间决定。基于第一次和第二次家庭能源消费的核算，对第一次和第二次家庭能源消费核算中所涉及的不同设备的能效和技术特征将在本书估计所采用的参数时加以考虑。为保证家庭能源消费核算能够有效比较，本次家庭能源消费核算所涉及的设备参数基本沿用第一次和第二次家庭能源消费核算时所采用的参数制定和核算方法。家庭取暖的能耗受到取暖方式的影响：在集中供暖系统下，取暖能耗被单列为一种能源类型，由于无法获取家庭所在区域的供热热源技术特征、燃料信息和管道热量耗损率等信息，我们通过计算住宅保温强度对其进行间接估算；在分户自供暖系统下，取暖能耗受到单位能耗（如空调的输出功率或柴薪的单位消耗速度）和取暖时长的影响。

在根据样本调查结果进行能源消费量的核算后，我们利用第七次全国人口普查数据中各省家庭户户数占全国家庭户总户数的比例对核算结果进行权重调整。

$$\text{Energy}_{\text{national}}^{w} = \sum_{k=1}^{k} \frac{N_k}{N} \times \frac{\sum_{i=1}^{I_k} \text{Energy}_{i,k}}{N_{I_k}} \tag{3-4}$$

式中，$\text{Energy}_{\text{national}}^{w}$ 为加权后的我国一个标准家庭全年能源消费量；N_k 表示 k 省的家庭户总户数；N 为全国的家庭户总户数；$\text{Energy}_{i,k}$ 为样本中 k 省第 i 户家庭的全年能源消费量；I_k 为 k 省的调查户数；$\dfrac{\sum_{i=1}^{I_k} \text{Energy}_{i,k}}{N_{I_k}}$ 为根据调查数据核算所得到的 k 省的户均用能。

3.2　厨房设备能源消费估计

调查中所涉及的厨房设备包括：①灶头设备，如柴火灶/土灶、蜂窝煤炉、油炉、电磁炉、煤气炉、沼气炉和太阳能灶等；②其他烹饪设备，如电饭煲、高压锅、微波炉、烤箱和电水壶等。烹饪用途的设备燃料包括蜂窝煤/煤球、汽油/柴油/煤油、瓶装液化气、管道天然气、管道煤气、沼气、畜禽粪便、薪柴、秸秆、电力、太阳能和地热等。

计算厨房设备的能源消耗需要考虑以下几个因素：设备的单位小时能耗（如电气设备的输出功率）、每天使用频率、每次平均工作时长和每年使用天数。烹饪设备的每天使用频率、每次平均工作时间和一年中所使用天数的乘积即为该设备每年的使用时间。设备一年中所使用天数为住户每年在该住房（接受调查时的住房）居住的天数。厨房设备每年的能源消耗由式（3-5）计算：

$$Energy_{厨房设备}（千克标准煤／年）= 单位小时能耗_{厨房设备}（千克标准煤／小时）$$
$$× 使用时间_{厨房设备}（小时／年） \quad (3-5)$$

灶头设备的单位小时能耗参数，除了以电力为燃料的设备直接采用其输出功率外，其他均参考相关文献的研究结论和行业技术标准确定。其中，蜂窝煤炉的单位消耗速度为0.33千克/小时；以薪柴/秸秆为燃料的柴火炉的单位消耗速度为2.00千克/小时；以管道天然气/煤气/沼气为燃料的灶头设备的单位流量为0.40立方米/小时；以瓶装液化气为燃料的灶头设备的单位流量为0.31千克/小时。

3.3　家用电器的能源消费估计

本次调查中所涉及的家用电器主要包括冰箱、洗衣机、电视机、计算机及电灯。家用电器设备的燃料均为电力。计算家用电器设备的能源消耗需要考虑几个因素：设备的输出功率、设备容量、每天使用频率、每次平均工作时间、每年使用天数及其能源效率等。

3.3.1　冰箱能耗的估计方法

在估计冰箱的能耗时，由于调查中没有获得设备功率和使用时间的信息，我们通过冰箱的容量、基准耗电量参数和设备能源效率来计算其能源消费量。

首先，将冰箱的容量进行如下处理：①设置各类型冰箱的平均容量，小型冰箱的平均容量为 50 升，中型冰箱的平均容量为 112.5 升，大型冰箱的平均容量 200 升，超大型冰箱的平均容量为 250 升；②根据《家用电冰箱耗电量限定值及能源效率等级》（GB 12021.2—2008）中提供的计算方法，估计冰箱的基准耗电量。计算公式如下：

$$\text{Energy}_{\text{base}} = (M \times V_{\text{adj}} + N + \text{CH}) \times S_r / 365$$

$$V_{\text{adj}} = \sum_{c=i}^{n} V_C \times W_C \times F_C \times \text{CC} \qquad (3\text{-}6)$$

式中，$\text{Energy}_{\text{base}}$ 为基准耗电量，单位为千瓦/24 小时；M 为参数，单位为千瓦/升（其值见表 3-1）；N 为参数，单位为千瓦·时（其值见表 3-1）；CH 为变温室修正系数；S_r 为穿透式自动制冷功能修正系数；V_{adj} 为调整容积，单位为升；n 为电冰箱不同类型间室的数量；V_C 为某一类型间室的实测有效容积，单位为升；F_c 为参数，电冰箱/冰柜中采用无霜系统制冷的间室为 1.4，其他类型间室为 1.0；CC 为气候类型修正系数；W_C 为各类型间室的加权系数。由于无法获得详细的冷藏箱类别来判定参数 M 和 N 的取值，而当前冰箱的冷藏箱多为 2 星级冷藏箱或 3 星级冷藏箱，因此我们取两者参数的平均值，由此设定 $M=0.526$、$N=228$。

表 3-1 冰箱的能耗参数

类别	M/（千瓦/升）	N/千瓦·时
无星级冷藏箱	0.221	233
1 星级冷藏箱	0.611	181
2 星级冷藏箱	0.428	233
3 星级冷藏箱	0.624	223
冷藏冷冻箱	0.697	272
冷冻食品储藏箱	0.530	190
食品冷冻箱	0.567	205

其次，考虑冰箱的能源使用效率。依据《家用电冰箱耗电量限定值及能源效率等级（GB 12021.2—2008）》中提供的能效指数计算方法，冰箱的实测耗电量等于其基准耗电量乘以能效指数。由于无法确认电冰箱各个间室的类型，二级至五级能效的电冰箱取能效指数各区间的均值；一级能效的电冰箱取较低的能效指数，为 0.4；无能效标识的冰箱不进行能效调整，取能效指数为 1。调整后的参数区间见表 3-2。

表 3-2　冰箱的能耗指数

能效等级	能效指数 (冷藏冷冻箱)	能效指数 (其他类型)	调整后的 能效指数
一	[0, 40%]	[0, 50%]	0.4
二	(40%, 50%]	(50%, 60%]	0.5
三	(50%, 60%]	(60%, 70%]	0.6
四	(60%, 70%]	(70%, 80%]	0.7
五	(70%, 80%]	(80%, 90%]	0.8
无能效标识	—	—	1

因此，冰箱实测耗电量的计算公式如下：

$$\text{Energy}_{\text{test}} = \eta \times (M \times V + N)/365 \tag{3-7}$$

式中，$\text{Energy}_{\text{test}}$为实测耗电量，单位为千瓦/24 小时；$M$ 为参数，单位为千瓦/升，其值为 0.526（电冰箱）或 0.567（冰柜）；N 为参数，单位为千瓦·时，其值为 228（电冰箱）或 205（冰柜）；V 为电冰箱/冰柜容量，单位为升，其值从调查中获得；η 为处理后的能效指数。

计算冰箱每年的能源消耗时，设备在一年中所使用的天数为住户每年在该住房（接受调查时的住房）居住的天数。年实测能耗（标准量）的具体公式如下：

$$\begin{aligned}\text{Energy}_{\text{电冰箱/冰柜}}(千克标准煤／年) =\ &\text{Energy}_{\text{电冰箱/冰柜}}(千瓦/24 小时)\\ &\times 使用时间_{\text{电冰箱/冰柜}}(天／年)\\ &\times 电力折标系数(千克标准煤／千瓦·时)\end{aligned} \tag{3-8}$$

3.3.2　洗衣机能耗的估计方法

在估计洗衣机的耗电量时，由于问卷包括了洗衣机功率信息，可以通过洗衣机的功率大小与使用时间来计算其能源消费量。

计算洗衣机每年的能源消耗时，设备在一年中使用的时间为住户每年在该住房（接受调查时的住房）居住天数乘以每次使用的小时数。计算公式如下：

$$\begin{aligned}\text{Energy}_{\text{洗衣机}}(千克标准煤/年) =\ &设备功率_{\text{洗衣机}}(千瓦)\\ &\times 使用时间_{\text{洗衣机}}(小时/年)\\ &\times 电力折标系数(千克标准煤/千瓦时)\end{aligned} \tag{3-9}$$

3.3.3 电视机能耗的估计方法

在估计电视机的耗电量时，由于问卷包括了电视机功率的信息，可以通过电视机的功率大小与使用时间来计算电视机的耗能量。

电视机的耗电量为参考功率与平均工作时间的乘积，并以能源消耗效率进行修正。然而，我们虽在调查结果中获得了电视机的能效标识，但无法获得相应的能效指数信息，因此未能考虑设备的能源消耗效率对其耗电量的影响。电视机一天的耗电量的计算公式如下：

$$平均能耗_{电视机}(千瓦·时/天) = 工作时间_{电视机}(小时/天) \times 功率_{电视机}(千瓦)$$

$$(3-10)$$

计算电视机每年的能源消耗时，住户每年在该住房（接受调查时的住房）居住的天数为电视机在一年中所使用的天数。计算公式如下：

$$Energy_{电视机}(千克标准煤/年) = 平均能耗_{电视机}(千瓦·时/天) \times 使用时间_{电视机}(天/年)$$
$$\times 电力折标系数(千克标准煤/千瓦·时) \quad (3-11)$$

3.3.4 计算机能耗的估计方法

在估计计算机的耗电量时，由于没有获得计算机功率及显示屏类型的信息，我们只能通过计算机的类型来判断其功率的大小。计算机的类型包括台式电脑、笔记本电脑和平板电脑。依据各类型计算机的技术参数，功率设置见表3-3。

表3-3 计算机的参考功率

计算机类型	参考功率/千瓦
台式机（液晶显示器）	0.275
笔记本电脑	0.080
平板电脑	0.015

计算机的耗电量为参考功率与平均工作时间的乘积，并以能源消耗效率进行修正。然而，我们虽在调查结果中获得了计算机的能效标识，但无法获得相应的能效指数信息，因此未能考虑设备的能源消耗效率对其耗电量的影响。住户每年在该住房（接受调查时的住房）居住的天数为计算机在一年中所使用的天数。计算机年耗电量的计算公式如下：

$$Energy_{计算机}(千克标准煤/年) = 功率_{计算机}(千瓦) \times 工作时间_{计算机}(小时/天)$$

$$\times使用时间_{计算机}(天/年)$$
$$\times电力折标系数(千克标准煤/千瓦·时)$$

$$(3\text{-}12)$$

3.3.5 电灯能耗的估算方法

在估算家庭电灯的耗电量时，我们区分了电灯每天使用的时长和电灯类型。电灯类型分为节能电灯和非节能电灯。一般地，节能电灯的功率为 8 瓦，非节能电灯的功率为 40 瓦。电灯的耗电量为节能电灯和非节能电灯耗电量的总和。节能电灯和非节能电灯一天的耗电量的计算公式如下：

$$耗电量_{节能电灯}(千瓦·时/天)=功率_{节能电灯}(千瓦)\times工作时间_{节能电灯}(小时/天)$$
$$\times数量_{节能电灯}(个) \qquad (3\text{-}13)$$
$$耗电量_{非节能电灯}(千瓦·时/天)=功率_{非节能电灯}(千瓦)$$
$$\times工作时间_{非节能电灯}(小时/天)$$
$$\times数量_{非节能电灯}(个) \qquad (3\text{-}14)$$
$$耗电量_{电灯}(千瓦时/天)=耗电量_{节能电灯}+耗电量_{非节能电灯} \qquad (3\text{-}15)$$

计算电灯每年的能源消耗时，考虑其在一年中所使用的天数，为住户每年在该住房（接受调查时的住房）居住的天数。计算公式如下：

$$Energy_{电灯}(千克标准煤/年)=耗电量_{电灯}(千瓦·时/天)\times使用时间_{电灯}(天/年)$$
$$\times电力折标系数(千克标准煤/千瓦时) \qquad (3\text{-}16)$$

3.4 取暖、制冷和热水器的能源消费估计

问卷调查中所涉及的家庭取暖包括集中供暖和分户自供暖两种。家庭制冷设备包括电风扇和空调。取暖燃料种类较多，如电力、管道天然气/煤气、瓶装液化气、柴油、其他燃料油、薪柴/木炭/煤、地热等。制冷设备的燃料为电力。计算取暖能耗除考虑设备的每天使用频率、每次平均使用时间、每年使用天数及设备的单位小时能耗（如电气设备的输出功率）等因素外，还需要考虑供热有效面积、建筑保暖特性等因素。家庭制冷能耗的计算考虑设备的功率、能效及其在夏季的平均每天使用时间和使用天数。

3.4.1 集中供暖能耗的估计方法

住宅取暖能耗有两种计量方法，分别为估计住宅取暖总能耗（source energy）

和估计住宅交付能耗（site energy）。估计住宅取暖总能耗是指为住宅提供一定的取暖能源所需要的全部未经加工和经加工的能源，包括能源的生产耗损、传输耗损等。估计住宅交付能耗是指在住宅用户终端取暖所消耗的能源量。在估计集中供暖的能耗时，由于无法获取家庭所在城市的供热热源技术特征、燃料信息和管道热量耗损率等信息，因此间接地通过式（3-17）计算住宅的交付能耗。

$$Energy_{集中供暖}(千克标准煤/年) = 单位面积建筑基准能耗_{集中供暖}$$
$$[(千克标准煤/米^2) \cdot 采暖季]$$
$$\times 建筑调整系数 \times 住房使用面积(平方米)$$
$$\times 标准采暖季_{集中供暖}(采暖季) \qquad (3-17)$$

首先，根据家庭住房的建筑年代设定其基准能耗。根据我国颁布的相关供暖要求（采暖季内室温不低于 18℃）和相关能耗技术标准，单位面积建筑供暖基准能耗设定如表 3-4 所示。其基本特征是，住房的建筑年龄越短，其保暖效果越好。

表 3-4　各年代住房单位面积建筑基准能耗

住房建筑年代	单位面积建筑能耗/千克标准煤
1980 年以前	31.68
1980~1989 年	25.30
1990~1999 年	20.60
2000~2009 年	18.60
2010 年及以后	12.50
信息缺失	25.00

注：单位面积建筑能耗是在维持室温 18℃/采暖季情形下计算的

其次，考虑到对住房的建筑改造将会影响到热量的流失量，从而影响供暖能耗，在此设定了相应的调整系数：如果对门窗进行封边处理，可以降低 10% 的能耗损失；如果对外墙进行保暖改造，可以减少 30% 的能耗损失；如果对阁楼、天花板和管道进行隔热处理，可以减少 10% 的能耗损失。

集中供暖是对整个家庭住宅进行供暖，因此供暖面积采用家庭住房的套内建筑面积；若该变量的数据缺失，则选择集中供暖的家庭平均住房使用面积（94.2平方米）。

不同地区采暖季时长不同，为了基于同一采暖季进行比较，需要进行调整。采暖季时长依据调查数据中的"采暖时长（月）"和集中供暖的样本均值（4.4个月）来进行调整；若"采暖时长（月）"数据缺失，则采暖时长为 4.4 个月。设定一个采暖季为 4.4 个月，则每个家庭的采暖季时长为"采暖时长（月）/4.4"。

3.4.2　分户自供暖能耗的估计方法

与集中供暖不同，分户自供暖并不是全天在所有住房面积上进行供暖。由于各个家庭采暖所使用的设备和燃料及采暖时长不同，我们按供暖设备及其燃料，分类估计全年的供暖能耗。各类燃料的消费量将转化为以千克标准煤计量的能耗。

3.4.2.1　电力供暖设备

以电力为燃料的供暖设备，如空调、电辐射取暖（电暖器）、电热地膜采暖等，可通过电器功率的报告值、空调能效等级、每天平均采暖时长（小时）和全年采暖天数（天）计算全年用于供暖的能耗。

（1）空调取暖

根据《房间空气调节器能效限定值及能效等级》（GB 21455—2019），空调实际输出功率等于其输出功率乘以定变频调整系数，再除以能效比（energy efficiency ratio，EER）。其中，空调的输出功率按照额定功率来进行计算；区分定频和变频空调，其定变频系数分别为 1 和 0.7，信息缺失时默认为定频空调；空调能效比反映空调的能效等级，一级能效、二级能效、三级及以上能效空调的能效比分别取值为 3.6、3.4 和 3.2，信息缺失时默认为 3.2。根据每天采暖时长（小时）和全年采暖天数（天），即可计算空调采暖全年的用电量。

（2）电辐射取暖（电暖器）、电热地膜采暖

电辐射取暖（电暖器）、电热地膜采暖的功率均设定为 1200 瓦，乘以每天采暖时长（小时）和全年采暖天数（天），即可计算电辐射取暖（电暖器）、电热地膜采暖全年的用电量。

3.4.2.2　非电力供暖设备

对于使用非电力燃料（如天然气、柴薪、木炭、煤等）的供暖设备，如炕、锅炉管道供暖、采暖火炉（燃烧木材/煤炭等）和油热加热器（油热汀）等则需通过单位面积取暖能耗、住房实际使用面积（平方米）、每天平均采暖时长（小时）和全年采暖天数（天），进而计算得全年的非电力燃料的消耗量。

（1）以薪柴为燃料的供暖设备消耗

以薪柴作为燃料的采暖设备有炕、锅炉和采暖火炉。当采用锅炉取暖时，假定薪柴每天的单位面积取暖能耗系数为 0.1 千克/（米²·天），该系数乘以住房实际使用面积可得家庭每天使用薪柴锅炉取暖的能耗，进而可以得到每小时的薪柴消耗量。当使用炕或采暖火炉时，假定每小时需要燃烧 2 千克木柴取暖，该系数乘以每天采暖时长和全年采暖天数，可得全年的薪柴火炉取暖的能耗。

(2) 以除电力/薪柴外为燃料的供暖设备消耗

如果采用除电力、薪柴以外的其他燃料作为非电力供暖设备的取暖燃料，需先设定每种燃料的每天单位面积取暖能耗，该系数乘以住房实际使用面积可得家庭每天使用天然气取暖的能耗，进而可以得到全年的能源消耗量。各燃料的每天单位面积取暖能耗设定详见表 3-5。

表 3-5 各取暖燃料的每天单位面积取暖能耗

取暖燃料种类	单位面积取暖能耗
管道天然气/煤气	0.0632 立方米/（米² · 天）
瓶装液化气	0.048 立方米/（米² · 天）
柴油	0.0576 升/（米² · 天）
其他燃料油	0.0576 升/（米² · 天）
薪柴	0.1 千克/（米² · 天）
煤	0.1 千克/（米² · 天）

3.4.2.3 估算公式

估算公式可表达为：

$$
\begin{aligned}
Energy_{分户自供暖;空调}(千克标准煤/年) = {}& 输出功率_{分户自供暖;空调}(千瓦) \\
& \times 类型和能效调整系数_{分户自供暖;空调} \\
& \times 采暖时长_{分户自供暖;空调}(小时/天) \\
& \times 采暖天数_{分户自供暖;空调}(天/年) \\
& \times 电力折标系数(千克标准煤/千瓦 \cdot 时)
\end{aligned}
$$
(3-18)

$$
\begin{aligned}
Energy_{分户自供暖;其他}(千克标准煤/年) = {}& 单位面积负荷_{分户自供暖;其他}(千克标准煤/天) \\
& \times 住房使用面积(米²) \\
& \times 采暖天数_{分户自供暖;其他}(天/年)
\end{aligned}
$$
(3-19)

3.4.3 热水器能耗的估计方法

热水器的类型包括储水式热水器和即热式热水器。储水式热水器的燃料主要为电力和管道天然气/煤气，即热式热水器的燃料包括电力、管道天然气/煤气、瓶装液化气和太阳能。在估计热水器的能源消耗时，由于本次调查没有获得热水器单位小时能耗（如电气设备的输出功率）的信息，我们将沿用 CRECS 2012 数据的平均值来计算（加热系数平均值为 1.6，功率为 1.5 千瓦）。储水式热水器的功率根据其容量来判断，即热式热水器的单位小时能耗根据燃料种类给出。热水器的参考单位小时能耗由表 3-6 给出。总的来说，热水器的能耗是其单位小时能耗和工作时间的乘积。由于储水式热水器和即热式热水器的工作时间有很大的差异，我们分别计算储水式热水器和即热式热水器的能耗。

表 3-6　热水器的参考单位小时能耗

热水器燃料类型	单位小时能耗
电力	5 千瓦
管道天然气/煤气	2 立方米
瓶装液化气	1.8 千克
太阳能	0.4514 千克标准煤/90 升

3.4.3.1　储水式热水器

储水式热水器的工作时间按以下方法进行计算。若热水器全天一直处于工作状态，则实际工作时间为 3 小时；若热水器仅在使用热水时加热，则实际工作时间为 0.5 小时。储水式热水器工作一次所提供的热水能够满足一般家庭平均一天的热水使用量，一般家庭平均每天使用热水器 1.919 次，我们用各个家庭每天平均使用热水器的次数进行调整。若家庭每天平均使用热水器的次数超过 1.919次，则热水器重新为水加热，即热水器每天的工作频率为热水器每天平均使用次数/1.919 次。储水式热水器的能效指数参考《储水式电热水器能效限定值及能效等级》（GB 21519—2008），我们取能效指数的上限值，具体如表 3-7 所示。

表 3-7　储水式热水器的能效指数

能效等级	能效系数
1	0.6
2	0.7
3	0.8
4	0.9
5	1.0
无能效标识	1.0

储水式热水器的耗电量为能效指数、功率、工作时间、电力折标系数和每天工作频率的乘积。对于以太阳能为燃料的储水式热水器而言,依据热水器的容量来估计能耗,加热90升的水需要消耗太阳能为0.4514千克标准煤。

$$
\begin{aligned}
电力能耗_{储水式热水器}(千克标准煤/天) = & 功率_{储水式热水器}(千瓦) \\
& \times 工作时间_{储水式热水器}(小时/次) \\
& \times 工作频率_{储水式热水器}(次/天) \\
& \times 能效指数_{储水式热水器} \\
& \times 电力折标系数(千克标准煤/千瓦·时)
\end{aligned}
$$

$$(3-20)$$

$$
\begin{aligned}
太阳能能耗_{储水式热水器}(千克标准煤/天) = & 单位能耗(千克标准煤/90升) \\
& \times 加热热水量(90升/天)
\end{aligned}
$$

$$(3-21)$$

计算储水式热水器每年的能源消耗时,需要考虑其在一年中所使用的天数:

$$
\begin{aligned}
Energy_{储水式热水器}(千克标准煤/年) = & 能耗_{储水式热水器}(千克标准煤/天) \\
& \times 使用天数_{储水式热水器}(天/年)
\end{aligned}
$$

$$(3-22)$$

3.4.3.2 即热式热水器

即热式热水器的工作时间按以下方法进行计算。对于以电力、管道天然气/煤气和瓶装液化气为燃料的,且没有能源使用效率的信息即热式热水器而言,热水器每次的工作时间为每次平均使用热水器的时长。因此,这类即热式热水器的能耗为单位小时能耗、工作时间和每天工作频率的乘积。具体的计算公式如下:

$$
\begin{aligned}
电力能耗_{即热式热水器}(千克标准煤/天) = & 功率_{即热式热水器}(千瓦) \\
& \times 工作时间_{即热式热水器}(小时/天) \\
& \times 电力折标系数(千克标准煤/千瓦·时)
\end{aligned}
$$

$$(3-23)$$

$$
\begin{aligned}
管道天然气煤气能耗_{即热式热水器}(千克标准煤/天) = & 单位小时耗气量_{即热式热水器}(米^3/小时) \\
& \times 工作时间_{即热式热水器}(小时/天) \\
& \times 燃气折标系数(千克标准煤/米^3)
\end{aligned}
$$

$$(3-24)$$

$$
\begin{aligned}
瓶装液化气能耗_{即热式热水器}(千克标准煤/天) = & 单位小时耗气量_{即热式热水器}(千克/小时) \\
& \times 工作时间_{即热式热水器}(小时/天) \\
& \times 液化气折标系数(千克标准煤/千克)
\end{aligned}
$$

$$(3-25)$$

计算即热式热水器每年的能源消耗时,需要考虑其在一年中所使用的天数,其计算公式为:

$$Energy_{即热式热水器}(千克标准煤/年) = 能耗_{即热式热水器}(千克标准煤/天)$$
$$\times 使用天数_{即热式热水器}(天) \qquad (3-26)$$

3.4.4 制冷能耗的估计方法

根据《房间空气调节器能效限定值及能效等级》（GB 12021.3—2010），空调实际输出功率等于其输出功率乘以定变频调整系数，再除以能效比。其中，空调的输出功率按照额定功率来进行计算；区分定频和变频空调，其定变频系数分别为 1 和 0.7，信息缺失时默认为定频空调。空调能效比反映空调的能效等级，对于小于 4.5 千瓦功率的空调，一级能效、二级能效、三级及以上能效空调的能效比分别取值为 3.6、3.4 和 3.2，信息缺失时默认为 3.2；对于功率大于 4.5 千瓦小于 7.5 千瓦的设备，一级能效、二级能效、三级及以上能效空调的能效比分别取值为 3.5、3.3 和 3.1，信息缺失时默认为 3.1。根据每天制冷时长（小时）和夏天制冷天数（天），空调制冷的耗电量按式（3-27）计算：

$$Energy_{空调制冷}(千克标准煤/年) = 输出功率_{空调制冷}(千瓦)$$
$$\times 类型和能效调整系数_{空调制冷}$$
$$\times 工作时间_{空调制冷}(小时/天)$$
$$\times 夏季使用天数_{空调制冷}(天/年)$$
$$\times 电力折标系数(千克标准煤/千瓦\cdot时)$$
$$(3-27)$$

3.5 家庭私人交通的能源消费估计

问卷调查中所涉及的家庭交通方式包括私人汽车、电动车和摩托车。对于电动车和摩托车，我们假设电动车平均功率为 240 瓦，摩托车百公里油耗为 2.2 升左右，一般使用汽油且时速为 30~80（55）千米/时，乘以问卷中家庭使用这两样交通工具的时长，计算其能耗。对于私人汽车，需要考虑的因素有普通汽车全年行驶里程和实际百公里油耗。

汽车的实际耗油量通过其实际百公里油耗和 2021 年汽车全年行驶里程相乘而得。公式如下：

$$Energy_{汽车}(千克标准煤/年) = 实际油耗_{汽车}(升/100千米)$$
$$\times 行驶里程_{汽车}(100千米)$$
$$\times 燃油折标系数(千克标准煤/升)$$
$$(3-28)$$

汽车燃料种类涉及93号汽油（京标92号）、97号汽油（京标95号）、乙醇汽油、柴油、电力、天然气、混合动力1（汽油+电力）、混合动力2（汽油+天然气）。93号汽油、97号汽油和乙醇汽油的折标系数均以汽油折标系数进行计算。混合动力燃料假定每种燃料量使用比例为1/2，各自乘以对应燃料的折标系数所得折标量的综合，即为该混合动力燃料的折标能耗，如汽车若使用混合动力（汽油+电力），将此视为每种燃料量使用比例为1∶1。

经过计算得到，电动车和摩托车耗能平均值分别为6.85千克标准煤/年和7.80千克标准煤/年。汽车耗能平均值为151.07千克标准煤/年，经过权重调整后的汽车耗能平均值为175.62千克标准煤/年。家庭汽车耗能的描述性统计见表3-8。

表3-8 家庭私人交通每年的耗能量

变量	单位	观察值	平均值	标准差	最小值	最大值
家庭汽车耗能（样本值）	千克标准煤/年	1 043	151.07	300.16	0	2 844.71
家庭汽车耗能（加权值）	千克标准煤/年	1 043	175.62	—	—	—

第4章 中国家庭能源消费分析与比较

本章将利用能源平衡表与能流图来描绘我国居民家庭能源消费情况,从能源数量与碳足迹等角度对我国居民家庭能源消费进行分析,并进行地区比较。对我国居民能源消费情况进行分析与比较,旨在勾勒出我国居民能源消费模式与影响因素,帮助决策者与公众了解我国居民生活用能的基本特征和地理分布。此次问卷调查中所涉及的家庭能源消费种类包括煤炭、汽油/柴油/煤油、液化石油气、管道天然气/煤气、电力、热力(指用于集中供暖的蒸汽、热水和热风等)、薪柴/秸秆、太阳能、沼气等。家庭能源消费活动包括烹饪、家电使用、取暖、热水和制冷。所有能源品折标系数来自于国家能源局和《中国能源统计年鉴》。此外,本章各节内容均基于发电煤耗法结果进行分析。

4.1 家庭能源消费平衡表

能源平衡表是以矩阵形式,将各种能源的资源供应、加工转换和终端消费等数据汇总的一种表格形式。能流图在能源平衡表的基础上,以更直观形象的表现形式概括出一个地区能源"从哪儿来,到哪儿去"的系统全貌,是能源平衡表的一个有力补充形式。根据调研团队的调查结果,由于缺少加工转换与资源供应数据,本节将根据表4-1和表4-2的折标系数建立分能源品种和能源用途的二维矩阵,表4-3基于发电煤耗法按各省户数进行加权后,计算我国2021年居民家庭能源平衡表,并绘制能流图(图4-1)。

表4-1 各能源品折标系数

能源品种	折标系数	单位
蜂窝煤/煤球	0.357	千克标准煤/千克
木炭	0.358 4	千克标准煤/千克
汽油	1.471 4	千克标准煤/千克
煤油	1.471 4	千克标准煤/千克
柴油	1.471 4	千克标准煤/千克
燃料油	1.428 6	千克标准煤/千克

能源品种	折标系数	单位
瓶装液化气	1.714 3	千克标准煤/千克
管道天然气	1.33	千克标准煤/米³
管道煤气（水煤气）	0.357 1	千克标准煤/米³
沼气	0.714	千克标准煤/米³
畜禽粪便	0.471	千克标准煤/千克
薪柴	0.571	千克标准煤/千克
秸秆	0.5	千克标准煤/千克
太阳能	1	千克标准煤/米³
电力（电热当量法）	0.122 29	千克标准煤/（千瓦·时）
电力（发电煤耗法）	取决于所在省份发电标准煤耗	千克标准煤/（千瓦·时）

注：居民蜂窝煤热值较工业用煤较低，故系数以原煤的 0.5 计算，即 0.7143 千克标准煤/千克×0.5 = 0.35715 千克标准煤/千克

资料来源：《中国能源统计年鉴》

表 4-2 2019 年部分省级行政区发电煤耗系数

（单位：千克标准煤/千瓦·时）

地区	发电标准煤耗
北京市	0.29
吉林省	0.278
山西省	0.298
广东省	0.289
广西壮族自治区	0.295
河北省	0.291
河南省	0.288
浙江省	0.282
甘肃省	0.307
贵州省	0.302

资料来源：《中国电力年鉴 2019》

　　根据发电煤耗法，估算出 2021 年每个中国居民家庭平均消耗能源量（不含交通）为 876.14 千克标准煤（表 4-3）。从能源类型来看，家庭能源消费是以电力、燃气（包括瓶装液化气、管道天然气、管道煤气）、热力为主。其中，电力

表 4-3　2021 年家庭能源消费平衡表（发电煤耗法）

（单位：千克标准煤）

能源类型		薪柴/秸秆	木炭	柴油/汽油/煤油	煤炭	电力	瓶装液化气	管道天然气	管道煤气	沼气	太阳能	热力	合计
烹饪	柴火灶/土灶	2.89	0.0022										2.8922
	蜂窝煤炉				0.14								0.14
	电磁炉					37.89							37.89
	煤气炉						17.97	48.91	2.14				69.02
	沼气炉									0.01			0.01
	电饭煲					36.87							36.87
	高压锅					1.41							1.41
	微波炉					2.45							2.45
	烤箱					0.69							0.69
	太阳能灶										0.003		0.003
	电水壶					10.96							10.96
	其他												0.00
家用电器	电冰箱					19.84							19.84
	洗衣机					12.52							12.52
	电视机					59.25							59.25
	计算机					10.95							10.95
	电灯					6.96							6.96
	其他					—							—

续表

类别	能源类型	薪柴/秸秆	木炭	柴油/汽油/煤油	煤炭	电力	瓶装液化气	管道天然气	管道煤气	沼气	太阳能	热力	合计
家庭供暖	集中供暖											392.29	392.29
家庭供暖	炕	2.35			3.84	0.01							6.19
家庭供暖	家用空调采暖					7.16							7.16
家庭供暖	锅炉管道供暖				7.57	0.31	1.66	1.15					10.69
家庭供暖	壁挂炉管道供暖					0.55		20.40					20.95
家庭供暖	采暖火炉（燃烧木柴/煤炭等）	1.68			9.97								11.65
家庭供暖	电辐射取暖（电暖器）					1.57							1.57
家庭供暖	电热地膜采暖												
家庭供暖	其他					0.92							0.92
热水	热水器					47.84	12.81	44.69			3.07		108.41
制冷	空调					41.47							41.47
制冷	风扇					3.00							3.00
合计（不含交通）		6.92	0.0022		21.51	302.62	32.43	115.15	2.14	0.01	3.07	392.29	876.1422
交通	电动车					6.85							6.85
交通	摩托车				7.80								7.80
交通	私人汽车				151.07								151.07
合计（含交通）		6.92	0.0022		180.39	309.47	32.43	115.15	2.14	0.01	3.07	392.29	1041.8622

注：能源计算方法采取的发电煤耗计算法

户均消费量为 302.6 千克标准煤,约占家庭能源消费总量的 34.53%;燃气户均消费量为 149.7 千克标准煤,约占家庭能源消费总量的 12.77%;热力户均消费量为 392.29 千克标准煤,约占家庭能源消费总量的 44.77%。本次调查中,户均煤炭使用量仅为 21.5 千克标准煤,约占能源消费总量的 2.50%。由于煤炭主要用于热力供给和发电,无法准确估计间接煤炭的户均使用量。较以往年份,本次调查中,家庭户均生物质能消费量大幅减少,仅为 6.9 千克标准煤,约占能源消费总量的 0.78%。另外,家庭户均太阳能消费量为 3.1 千克标准煤,约占能源消费总量的 0.35%。

从能源消费的用途来看,烹饪和供暖消耗了绝大部分的能源,其余用途能源消耗较少。其中,家庭户均烹饪用能为 162.3 千克标准煤,约占能源消费总量的 18.53%;家庭户均供暖能源消费量为 451.4 千克标准煤,约占能源消费总量的 51.52%。此外,家庭户均电器用能为 109.5 千克标准煤,约占能源消费总量的 12.5%;家庭户均制冷能源消费量为 44.5 千克标准煤,约占能源消费总量的比例很小,仅为 5.08%。本次调查中,交通用能仍是以燃油为主(包括柴油、汽油),2021 年家庭户均交通燃油消费量为 158.87 千克标准煤;电力是交通用能的辅助,2021 年家庭户均电动车能源消费量为 6.86 千克标准煤。若将交通能耗计算到家庭能用中去,则 2021 年的居民家庭平均能耗为 1041.9 千克标准煤。

能流图可清晰表现我国家庭能源消费情况(图 4-1)。为使图形更加简洁明了,本节将沼气、薪柴/秸秆、木炭合并为生物质能,将管道天然气和管道煤气合并为管道气,由于油品在整个家庭能源中消费比例较低,因而不在图中反映。由图 4-1 可以看出,在使用发电煤耗法进行核算时,2021 年我国居民家庭用能的能源品构成中,有 0.78% 来自于生物质能,2.50% 来自于煤炭,0.35% 来自于太

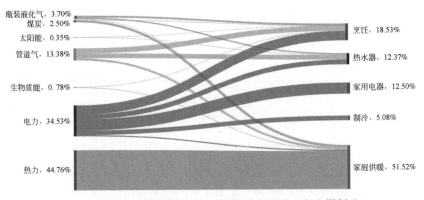

图 4-1　标准中国居民家庭 2021 年能源流量图(发电煤耗法)

阳能，3.70% 来自于瓶装液化气，13.38% 来自于管道气，34.53% 来自于电力，44.76% 来自于集中供暖的热力。而在能源的使用方面，有 51.52% 能源用于家庭取暖，主要源于集中供暖的热力、各类燃料和电力；18.53% 用于烹饪，主要源于电力和各类燃气；12.37% 用于烧制热水，主要源于各类燃气、太阳能和电力；另外，有部分电力用于家庭制冷。

4.2　家庭能源消费数量分析

本节将从家庭能源品种和需求结构入手，对比城乡居民能源消费差异，同时分析南北方及不同区域居民能源消费的异质性，以此更直观明了地分析 2021 年居民家庭能源消费特性。

4.2.1　能源品种和需求结构差异较大

4.2.1.1　居民能源消费品种以热力、电力、天然气为主

2021 年，我国居民家庭平均消耗能源量（不含交通）为 876.14 千克标准煤。其中，热力的户均消费量为 392.29 千克标准煤，约占能源消费总量的 44.8%；电力户均消费为 302.6 千克标准煤，约占能源消费总量的 34.5%；管道天然气户均消费量为 115.15 千克标准煤，约占能源消费总量的 13.1%；瓶装液化气户均消费量为 32.43 千克标准煤，约占能源消费总量的 3.7%；煤炭户均消费量为 21.51 千克标准煤，约占能源消费总量的 2.5%；其他能源，如薪柴/秸秆、太阳能、管道煤气、沼气和木炭等，占比均较低（图 4-2）。

总体上看，我国居民家庭能源消费的主力是热力、电力和燃气类能源。户均煤炭使用量虽然较低，为 21.51 千克标准煤，但煤炭主要用于热力供给和发电，而热力的能耗在家庭总能耗中占比仍较高，因此无法准确估计间接煤炭的户均使用量。

4.2.1.2　居民能源消费用途以取暖、烹饪为主

从能源消费的用途上来看，烹饪和供暖消耗了居民家庭绝大部分能源。其中，烹饪用能为 162.3 千克标准煤，约占居民家庭能源消费总量的 18.5%；取暖用能为 451.4 千克标准煤，约占居民家庭能源消费总量的 51.5%。此外，家用电器用能为 109.5 千克标准煤，约占居民家庭能源消费总量的 12.5%。

烹饪用能具体分析如图 4-3 所示，2021 年我国家庭在烹饪用能方面户均总量

为 162.3 千克标准煤，用能结构以电力和瓶装液化气为主。其中，电力占总烹饪用能的 55.6%；各种燃气（包括瓶装液化气、管道天然气、管道煤气）占烹饪用能的 42.5%；占比最小的为生物质能（如沼气、薪柴/秸秆）和太阳能。这与本次调研城市居民较多有关（农村居民 284 户，城市居民 759 户），城市居民烹饪普遍使用管道气和瓶装液化气，烹饪类电器使用也十分广泛。

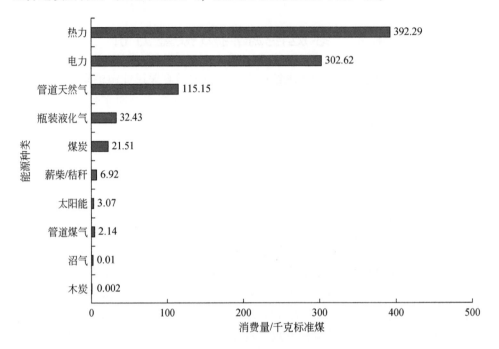

图 4-2　我国居民能源消费量（按品种）

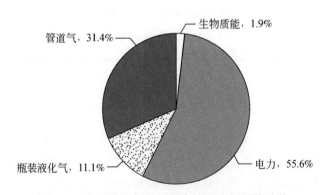

图 4-3　中国居民家庭 2021 年主要烹饪用能品种

家用电器方面，消耗的能源形式全部为电能，户均能源总量为 109.5 千克标准煤，本次调研家用电器包括电视机、冰箱（冰柜）、计算机、洗衣机和电灯。耗能主要集中在电视机、冰箱和洗衣机，分别占到家用电器总能耗的 54.1%、18.1% 和 11.4%。计算机耗能约占家用电器总能耗的 10%，电灯耗能占比约为6.4%（图 4-4）。

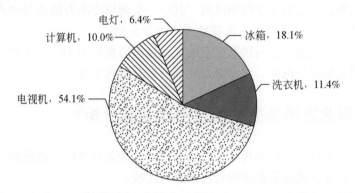

图 4-4　能源中国居民家庭 2021 年家用电器用能品种

供暖是我国居民家庭用能的另一个主力，户均能耗为 451.4 千克标准煤。在供暖类型中，集中供暖的户均能耗为 392.3 千克标准煤，占比为 86.9%，而分户自供暖能源消耗占比仅为 13.1%。在分户自供暖中，能源以各类燃气与煤炭为主，其中管道天然气供暖的能耗占比为 36.4%，瓶装液化气供暖的能耗占比为2.8%，煤炭的占比为 36.2%（图 4-5）。

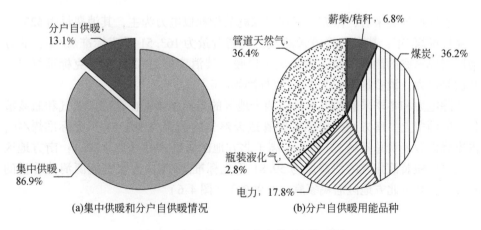

(a)集中供暖和分户自供暖情况　　　　(b)分户自供暖用能品种

图 4-5　标准中国居民家庭供暖用能品种

热水用能同家用电器用能量较为接近，为108.4千克标准煤。其中，以电力为能源来源的，占热水用能总量的44.1%；以管道煤气为能源来源的，占比为41.2%；以太阳能为能源来源的，占比为2.83%；以其他能源为来源的，约占12%。

在制冷方面，我国居民家庭的年均制冷能源消费量为44.5千克标准煤，全部为电力消费，主要用于空调和风扇。其中，空调制冷电力消费量约占制冷能源消费总量的93.2%；风扇电力消费量占比约为6.8%。

在交通用能方面，我国居民家庭的交通能源消费量为165.7千克标准煤，主要的能源消费品种是汽油，约占交通能源消费总量的91%。

4.2.2　南北方居民家庭能源消费差异分析[①]

本节按各省户数进行加权后，得到南方地区和北方地区的能源消费数据，并对南方地区和北方地区的能源消费特征进行比较。

在能源消费总量上，2021年我国南方地区居民家庭平均能源消费量（不含交通）为705.76千克标准煤/年，年人均能源消费量为211.41千克标准煤；北方地区居民家庭平均能源消费量（不含交通）为1082.99千克标准煤/年，年人均能源消费量为430.83千克标准煤。北方地区居民家庭能源消费量约是南方地区的1.53倍，人均消费量约为后者的2.04倍。与南方地区相比，北方地区的能源消费主要多在冬季采暖方面。

4.2.2.1　南方家庭能耗以电力为主，北方家庭能耗以集中供暖为主

从能源种类来看，南方地区居民家庭的能耗以电力为主，其消费量为423.54千克标准煤/年；其次是管道天然气，其消费量为163.51千克标准煤/年；北方地区居民家庭的能源消费主力是集中供暖，其消费量为628.37千克标准煤/年；其次是电力，消费量为257.34千克标准煤/年。

除电力和冬季采暖的差异外，两个地区的差异还体现在管道天然气和瓶装液化气的消费上。南方地区居民家庭管道天然气的消费为163.51千克标准煤/年，占家庭能源消费总量的23.17%，高于北方地区居民家庭（12.11%）；南方地区居民家庭瓶装液化气的消费量为59.81千克标准煤/年，占家庭能源消费总量的8.47%，高于北方地区居民家庭（1.90%）（图4-6）。

---

① 本书中的南方地区和北方地区是以北纬34°为分界线，后文中所有涉及南方地区和北方地区的表述均以此为标准。

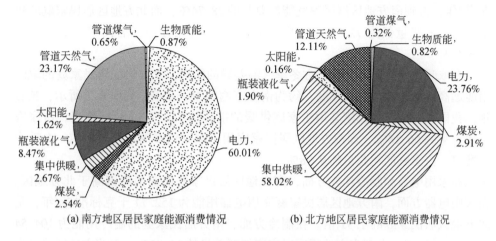

(a) 南方地区居民家庭能源消费情况　　　(b) 北方地区居民家庭能源消费情况

图 4-6　南北方居民家庭能源消费差异情况

4.2.2.2　南北方家庭的能源消费用途差异主要体现在取暖与热水上

从能源用途来看，南方地区和北方地区居民家庭之间用于取暖与热水的能源消费差异十分明显（图4-7）。

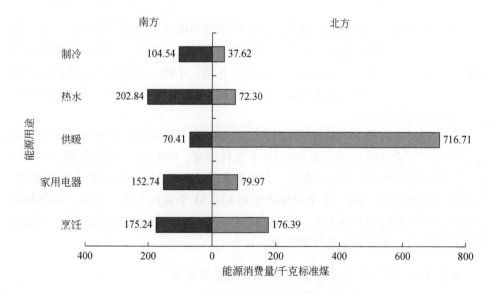

图 4-7　南北方居民家庭能源消费活动比较

在热水耗能方面，南方地区居民家庭的热水的能源消费量为 202.84 千克标准煤/年，占到南方地区居民家庭能耗总量的28.74%；而北方地区居民家庭的热水的能源消费量仅为72.30千克标准煤/年，仅占北方地区居民家庭能耗总量的6.68%。

在取暖耗能方面，受南北方冬季气温差异的影响，北方地区居民家庭的取暖用能远高于南方地区居民家庭，约为南方家庭的10.18倍。如图4-7所示，2021年，我国北方地区居民家庭用于家庭供暖的能耗为716.71千克标准煤，占家庭能耗总量的66.18%，而南方地区居民家庭用于家庭供暖的能耗仅为70.41千克标准煤，占家庭能耗总量的9.98%。

在家用电器和制冷耗能方面，南方地区居民家庭能源消耗都高于北方地区。在家用电器方面，南方地区居民家庭家用电器用能为152.74千克标准煤/年，是北方地区居民家庭的1.91倍。在制冷方面，南方居民家庭的制冷用能为104.54千克标准煤/年，占到南方地区居民家庭能耗总量的14.81%，而北方地区居民家庭的制冷用能仅为37.62千克标准煤/年。

在烹饪耗能方面，南北方居民家庭耗能相差不明显，北方居民家庭略高于南方地区居民家庭。

4.2.3 区域之间居民家庭能源消费差异分析

参考国家统计局区域划分标准，本次调研省份所属区域划分如下：北京、河北、浙江和广东为东部地区，山西、河南为中部地区，广西、贵州和甘肃为西部地区，吉林属于东北地区（后文中所有涉及东部、中部、西部和东北地区的表述均以此为标准）。本节按各省户数进行加权后，得到不同地区的能源消费数据，并比较其能源消费特征。

在能源消费总量上，2021年我国东部、中部、西部及东北地区居民家庭能源消费量（不含交通）分别为994.17千克标准煤、975.66千克标准煤、506.59千克标准煤和968.59千克标准煤，人均能源消费量分别为340.52千克标准煤、362.30千克标准煤、189.77千克标准煤和434.53千克标准煤。东部、中部和东北地区之间能源消费差异不大，西部地区家庭能源消费远低于其他地区，主要差异体现在电力、热力和管道气消费上。

4.2.3.1 各区域电力和集中供暖用能差异明显

从能源种类来看，在各地区的电力和集中供暖都是能源消费的主力，两者约占能源消费总量的70%~90%。但电力和集中供暖各自的比例在不同地区存在差异，主要表现为东部和西部地区能源消费以电力为主，而中部和东北地区的能源消费以集中供暖为主，且集中供暖占能源消费总量的比例均超过50%（图4-8）。

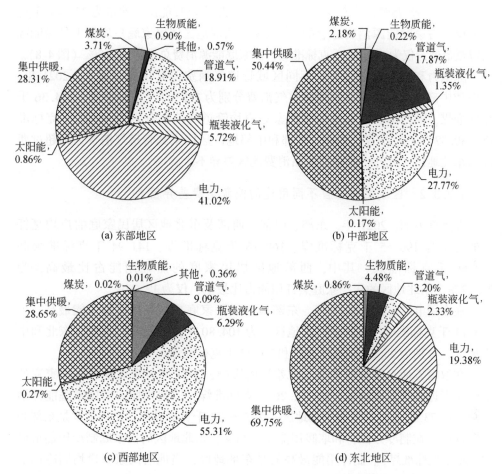

(a) 东部地区

(b) 中部地区

(c) 西部地区

(d) 东北地区

图4-8　不同区域居民家庭能源消费品种差别情况

就电力而言，2021 年，各地区中，东部地区居民家庭电力消费量最高，户均电力消费量达407.80 千克标准煤，占家庭能源消费总量的41.02%。中部地区居民家庭户均电力消费量为 270.92 千克标准煤，占家庭能源消费总量的27.77%。西部地区居民家庭户均电力消费量为 280.22 千克标准煤，远低于东部地区，但其占比高，占居民家庭能源消费总量的55.31%。东北地区，2021 年居民家庭电力消费量为 187.68 千克标准煤，占家庭能源消费总量的 19.38%（图4-8）。

就集中供暖而言，2021 年东北和中部地区居民家庭户均集中供暖能源消费量分别为675.59 千克标准煤、492.10 千克标准煤，两者占居民家庭能源消费总量的比例均超过了半数，其中东北地区居民家庭户均集中供暖能源消费占比最高，达到了 69.75%。东部地区居民家庭户均集中供暖能源消费量为 281.41 千克标准煤，占家庭能源消费总量的 28.31%。西部地区居民家庭户均集中供暖能源消费量最低，仅为 145.12 千克标准煤，占家庭能源消费总量的 28.65%（图 4-8）。

除电力和集中供暖之外，不同区域管道气消费差异也相对较大。2021 年，东部和中部地区居民家庭户均管道气消费分别为 188.04 千克标准煤、174.36 千克标准煤，而西部和东北地区居民家庭户均管道气消费分别为 46.02 千克标准煤、30.57 千克标准煤。因此，东部和中部地区居民家庭管道气消费远远超过西部和东北地区。此外，其他能源品消费地区差异不大。

4.2.3.2 区域之间来自不同用途的能源消费差异巨大

在烹饪方面，2021 年，东部、中部、西部及东北地区居民家庭的户均烹饪用能分别为 196.55 千克标准煤、168.15 千克标准煤、141.94 千克标准煤和 123.69 千克标准煤。其中，西部地区居民家庭的烹饪用能占比最高，为 28.02%，东北地区的居民家庭烹饪用能占比最低，仅为 12.77%。

在家用电器方面，2021 年，东部地区居民家庭户均家用电器用能最高，为 143.11 千克标准煤；其次是西部地区，为 104.80 千克标准煤；再次是东北和中部地区，分别为 95.35 千克标准煤和 70.00 千克标准煤。

在取暖方面，受地区冬季气温差异的影响，2021 年，东北地区居民家庭的取暖用能远高于其他地区，为 712.26 千克标准煤，取暖用能占居民家庭能源消费总量的 73.54%，其次为中部地区，为 576.22 千克标准煤，之后依次是东部和西部地区。在制冷方面，和取暖用能正好相反，东北地区居民家庭制冷用能最低（1.28 千克标准煤）。制冷用能最高的是东部地区，当地居民家庭户均制冷用能为 103.95 千克标准煤。

在热水方面，各地区的差异也较大。2021 年，东部地区居民家庭户均热水用能最高，为 181.87 千克标准煤，占到家庭能源消费总量的 18.29%；其次是中部和西部地区，分别为 98.27 千克标准煤和 90.71 千克标准煤；最低的是东北地区，为 36.01 千克标准煤（图 4-9）。

4.2.4 城乡居民能源消费分析

关于城乡居民的划分：在数据调查中，居住地包括三种：农村、城市中心地区、城市边缘地区，本节在核算过程中，根据居民实际报告情况，将城市中心地区和城市边缘地区统一归为城市，样本观测值共 759 个；农村观测值共 284 个。

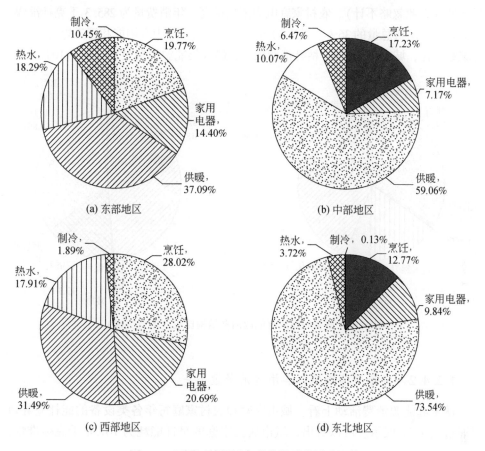

图 4-9 不同区域居民家庭能源消费活动比较

本节在对城乡居民的能源消费特征进行比较时，均使用的是未加权数据，即对调查所得数据进行直接平均。

若不考虑交通用能，2021 年，城市居民家庭的能源消费总量为 911.5 千克标准煤，农村居民家庭的能源消费总量为 825.8 千克标准煤；城市居民消费总量是农村居民的 1.1 倍。若考虑交通用能，农村居民能源消费总量为 988.7 千克标准煤；城市居民能源消费总量为 1077.5 千克标准煤；城市居民能源消费总量（含交通）是农村居民能源消费总量（含交通）的 1.09 倍。

4.2.4.1　能源消费种类一致，各能源品消费比例不一

分能源种类看，2021 年，城市居民家庭用于集中式供暖的热力消耗最多，占家庭能源消费总量的 48.5%；其次为电力消费，占比为 33.8%；木炭和沼气消费

量极低（在此忽略不计）。农村家庭电力消费最高，年消费量为285.3千克标准煤，占家庭能源消费总量的36%；其次为热力消费；最少的为太阳能和管道煤气。与农村家庭相比，城市家庭薪柴/秸秆消费较少，燃气类能源消费更多（图4-10）。

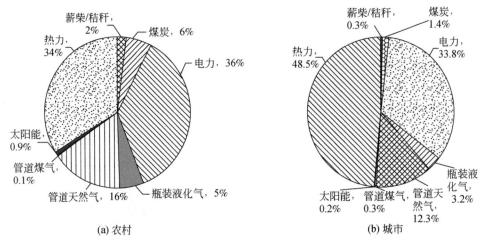

(a) 农村   (b) 城市

图4-10　城乡居民家庭能源消费结构比较（不含交通）

4.2.4.2　能源用途类似，各用途消费量不一

从家庭能源消费活动上看，城市家庭和农村家庭每年各类设备的能耗差异可以通过图4-11展示。可以看出，城市居民家庭的烹饪能耗为161.0千克标准煤，

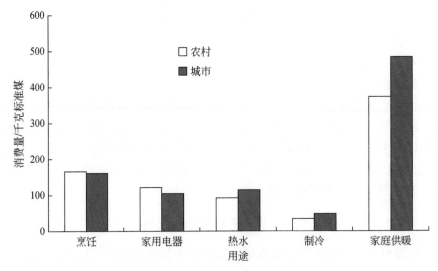

图4-11　城乡居民家庭能源消费活动差别

占家庭能源消费总量的 17.7%；农村居民家庭的烹饪耗能为 165.8 千克标准煤，占家庭能源消费总量的 21.1%。总的来看，城市与农村的烹饪耗能相差不大。城市方面耗能主要体现在供暖方面，约占家庭能源消费总量的 53%，为 482.9 千克标准煤；农村居民家庭年供暖能耗为 372.0 千克标准煤，虽然比城市居民取暖能耗低了约 110 千克标准煤，但仍占家庭能源消费总量的 47.3%。由此可见，无论城市还是农村的供暖能耗占比都较大。此外，无论是城市居民家庭还是农村居民家庭，制冷和家用电器耗能的占比都相对较小。

在烹饪方面，2021 年，农村居民家庭户均烹饪耗能为 165.8 千克标准煤，城市居民家庭户均烹饪耗能为 161 千克标准煤，农村居民家庭的烹饪耗能比城市居民家庭略高。分能源种类看，农村居民家庭生物质能消耗量超过城市，户均约为 10.0 千克标准煤，而城市家庭基本不使用生物质能，仅有 0.2 千克标准煤（图 4-12）。城市居民家庭的燃气类能源消费高于农村居民家庭；但是在瓶装液化气消耗上，农村居民家庭消耗得更多。城市居民家庭烹饪使用电力的消费量也高于农村居民，但农村居民家庭的消耗量也较高，这与近几年农村电气化改革政策有关。

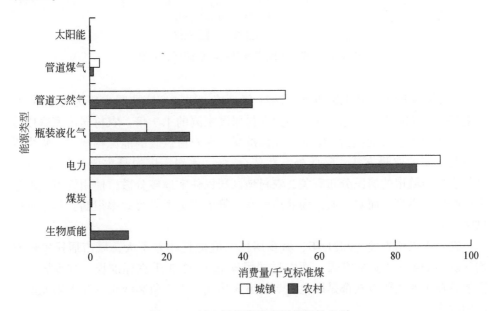

图 4-12　城乡居民家庭烹饪能耗的差别

在家用电器方面（图 4-13），2021 年，农村居民家庭户均家用电器能耗为 121.9 千克标准煤，城市居民家庭为 104.9 千克标准煤，农村居民家庭的家用电器耗能约为城市居民家庭的 1.16 倍。分家用电器设备来看，城市和农村家庭家用电器的耗能主要在于电视机；农村居民家庭在电灯、电视机、洗衣机、冰箱的能耗都高于城市居民家庭，城市居民家庭计算机能耗略高于农村居民家庭。造成这种情形可能是因为城市居民家庭家用电器更为节能。

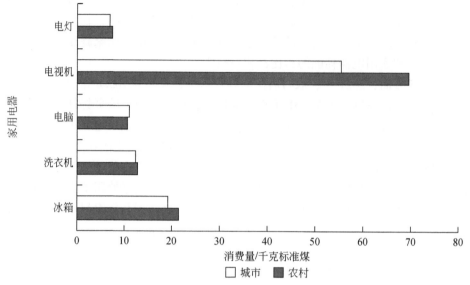

图 4-13　城乡居民家庭家用电器能耗的差别

　　如表 4-4 所示，在取暖方面，2021 年，城市居民家庭取暖主要为集中供暖，户均耗能为 440.3 千克标准煤，约为农村居民家庭的 1.7 倍；农村居民家庭以分户自供暖为主，其能耗为 372.0 千克标准煤。在农村供暖的能源构成中，集中供暖也是主要的取暖方式，除此外，薪柴/秸秆、木炭、煤炭是主要的能源来源。这与农村与城市的居民分布有关，农村地区居民住宅地较分散，使用管道式的集中供暖效率不高，而对于城市商品房而言，管道式集中供暖效率很高，是最佳的供暖方式。

　　在热水供给方面，2021 年，城乡居民家庭能耗相差不大，城市居民家庭户均耗能为 114.4 千克标准煤，而农村居民家庭为 92.3 千克标准煤。城乡居民家庭加热热水的主要方式都是以电力与管道天然气为主，瓶装液化气和太阳能所占比例较小。

　　在制冷方面，2021 年，城乡居民家庭主要使用空调和电风扇制冷，城市居民家庭制冷能耗显著高于农村居民家庭，约为农村居民家庭的 1.4 倍。

表 4-4　城乡居民家庭取暖与制冷能耗的区别（单位：千克标准煤）

能源用途	类别	城市	农村
集中供暖	热力	440.3	264.0
分户自供暖	电力	11.1	13.5
	天然气	13.5	44.4
	薪柴/秸秆、木炭、煤炭	16.2	50.1
	小计	481.1	372.0
热水	电力	53.6	32.5
	瓶装液化气	11.5	16.4
	管道天然气	47.7	36.6
	太阳能	1.7	6.8
	小计	114.4	92.3
制冷	空调	45.1	31.7
	电风扇	3.1	2.7
	小计	48.3	34.4

在交通能源消费方面，2021 年，城市和农村居民家庭的户均交通能源消费量分别为 162.9 千克标准煤和 166.8 千克标准煤。其中，私人汽车为交通类别中最主要的能源消费类别，且私人汽车的主要能源消费品为汽油；但电动车在人们日常生活中日益增加，农村居民家庭电动车户均消费量为 7.06 千克标准煤，城镇居民家庭为 6.77 千克标准煤。

4.3　家庭能源消费年际比较分析

本次调研结果与以往年份差异较大，为探寻差异原因，本节将对比 2014 年与 2021 年家庭能源消费数据的差异，以期从多方面对差异原因进行解释。

4.3.1　家庭能源品种与需求结构差异较大

如表 4-5 所示，2014 年我国居民家庭户均能源消费量为 1639.82 千克标准煤（不含交通），约为 2021 年居民家庭户均能源消费量（876.14 千克标准煤）的 1.87 倍；如将交通能耗计入其中，2014 年居民家庭户均能源消费总量为 1794.19 千克标准煤，约为 2021 年居民家庭户均能源消费总量（1041.9 千克标准煤）的 1.72 倍。

表4-5 2014年家庭能源消费平衡表：发电煤耗法

（单位：千克标准煤）

能源消费类型		薪柴/秸秆/木炭	柴油/汽油/煤油/乙醇汽油	煤炭	电力	瓶装液化气	管道天然气	管道煤气	沼气	太阳能	热力	合计
烹饪	柴火灶/土灶	114.49										114.49
	蜂窝煤炉			2.35								2.35
	油炉		0.02									0.02
	电磁炉				87.70							87.70
	煤气炉											
	沼气炉					3.12	78.83	81.22				163.17
	电饭煲				64.64				0.97			65.61
	高压锅				8.97							8.97
	微波炉				3.87							3.87
	烤箱				0.20							0.20
	太阳能灶											
	电水壶				16.38							16.38
	其他											
家用电器	冰箱				38.73							38.73
	冰柜				4.22							4.22
	洗衣机				20.45							20.45
	烘干机				0.27							0.27
	电视机				185.14							185.14
	计算机				29.15							29.15
	电灯				10.46							10.46
	其他											

续表

能源消消费类型		薪柴/秸秆/木炭	柴油/汽油/煤油/乙醇汽油	煤炭	电力	瓶装液化气	管道天然气	管道煤气	沼气	太阳能	热力	合计
家庭供暖	集中供暖										334.11	334.11
	炕	204.377		9.73								214.11
	家用空调采暖				1.71							1.71
	锅炉管道供暖	2.234	0.37	25.97	1.03		4.86					34.48
	壁挂炉管道供暖											
	采暖火炉	6.943		67.68								74.63
	电辐射取暖											
	电热地膜采暖				9.17							9.17
	其他											
热水	热水器	328.04			64.70	45.75	65.39			15.31		191.14
制冷	空调				29.31							29.31
合计（不含交通）		328.04	10.39	105.74	576.09	48.87	149.08	81.22	0.97	15.31	334.11	1639.82
交通			148.77									154.37
合计（含交通）		328.044	149.117	105.74	576.09	48.87	149.08	81.22	0.97	15.31	334.11	1794.19

从能源品类型看，2021 年相较于 2014 年具有较大变化（图 4-14）。一是，薪柴/秸秆/木炭等生物质能的使用大幅度减少，2014 年居民家庭生物质能的消费量为 328.0 千克标准煤，而到 2021 年降至 6.9 千克标准煤，下降幅度达 97.9%。二是，电力消费量有较大幅度下降，2014 年居民家庭电力消费量为 576.1 千克标准煤，2021 年为 309. 千克标准煤，下降幅度为 46.36%。三是，煤炭消费量也有较大幅度下降，2014 年居民家庭煤炭消费量为 105.7 千克标准煤，2021 年降至 21.5 千克标准煤。四是，燃气类能源总消费量有较大幅度下降，2014 年燃气类能源消费量为 279.2 千克标准煤，2021 年为 149.7 千克标准煤，下降幅度为 46.4%。五是，热力消费有所上升，2021 年居民家庭热力消费量为 392 千克标准煤，2014 年为 334.1 千克标准煤，上升幅度为 17.3%。其余能源 2021 年相较于 2014 年消费量上并无明显区别。在交通领域，2021 年与 2014 年居民家庭能源消耗量相差不大，2014 年居民家庭户均交通能源消耗量为 154.4 千克标准煤，2021 年为 151.1 千克标准煤。2021 年居民家庭交通向多元化发展，电动车不断进入人们日常生活，其能源消费量约为 6.85 千克标准煤。

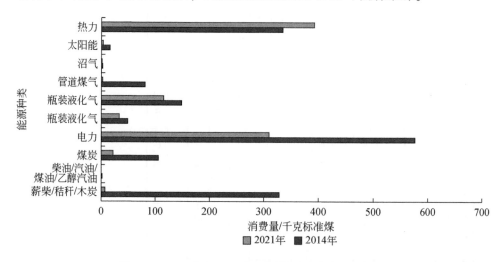

图 4-14　2014 年与 2021 年不同能源品消费对比情况

从能源用途看，如图 4-15 所示，2021 年与 2014 年的差异主要反映在烹饪用能上。2014 年，我国居民家庭户均烹饪用能为 462.8 千克标准煤，2021 年为 124.4 千克标准煤，下降幅度达 73%。热水用能也有较大变化，2014 年居民家庭户均热水消耗能源量为 191.1 千克标准煤，2021 年为 108.4 千克标准煤，约下降了 43.3%。家庭供暖用能变化较小，2014 年居民家庭供暖消耗能源量为 668.2 千克标准煤，2021 年为 548.9 千克标准煤。相较于其他能源用途，2021 年家庭用于制冷的能源消费量为44.5千克标准煤，2014年为29.3千克标准煤，约增长了51.9%。家用电器用能变化也较大，2014年家用电器能源消费量为288.0千克标准煤，2021年为109.5千克标准煤，能源消费量的大幅下降可能的原因是随着技术的发展，家用电器的能效大幅提升，进而能源消费量有所降低。

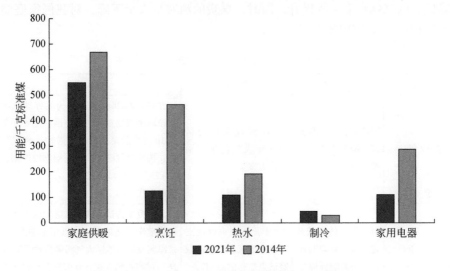

图4-15 2014年与2021年不同能源用途对比情况

4.3.2 多方面原因助推家庭能源消费转型

(1) "煤改电"助力打赢"蓝天保卫战"

基于"富煤、贫油、少气"的资源禀赋，我国居民冬季取暖以煤炭为主要能源来源，但煤的燃烧效率低，且对大气质量影响很大。近年来持续时间长、污染程度大的"雾霾"等天气影响已经给人们的生活造成了越来越多的不利影响。2017~2018年期间，党中央及地方政府出台一系列冬季清洁能源取暖的改进政策（表4-6），助力打赢"蓝天保卫战"。电力作为一种清洁能源，除减轻大气污染外，还可大幅提升生活便利性，提升人民生活质量。推行清洁能源取暖的重点在于"煤改电"，即将以煤炭为燃料的传统锅炉更换成以电为主供暖的锅炉，将普通煤锅炉更换为电锅炉。

为加快推进"煤改电"进程，中央和地方政府出台一系列"煤改电"补贴政策，主要有以下四种：第一种是线路改造补贴，即由当地电力公司和政府承担改造资金；第二种为电价补贴，即采暖季实行分段分用途计价；第三种为直补到户，即政府把补贴转到每个户头，电力公司在用户用电时进行抵扣；第四种为取暖设备补贴，即国家对"煤改电"的取暖设备给予适度补贴。"煤改电"政策对我国居民家庭能源消费结构产生较大影响。大力推行"煤改电"相关政策以来，全国能源消费结构转向清洁化，尤其在农村地区，薪柴、秸秆等能源消费量大幅度降低，电气化水平大幅提升。同时，煤炭的消费量大幅下降，对我国家庭能源消费结构产生较大影响。

表 4-6　2017～2018 年"煤改电"相关政策

时间	发文单位	文件名称	相关内容
2017 年	财政部、环境保护部、国家发展和改革委员会等十部门	《京津冀及周边地区2017 年大气污染防治工作方案》	文件将"2+26"城市列为北方地区冬季清洁取暖规划首批实施范围，主要任务包括 10 月底前完成小燃煤锅炉"清零"工作；按照宜气则气、宜电则电的原则，在"2+26"每个城市完成 5～10 万以气代煤或以电代煤的工程
2017 年	财政部、住房城乡建设部、环境保护部、国家能源局	《关于开展中央财政支持北方地区冬季清洁取暖试点工作的通知》	中央财政支持试点城市推进清洁方式取暖替代散煤燃烧取暖，试点示范期为 3 年，京津冀及周边地区大气污染传输通道"2+26"城市被纳入试点城市范围，财政补贴资金共达 158 亿元
2018 年	财政部、生态环境部、住房城乡建设部、国家能源局	《关于扩大中央财政支持北方地区冬季清洁取暖城市试点的通知》	清洁取暖试点城市申报范围扩展至京津冀及周边地区大气污染防治传输通道"2+26"城市、张家口市和汾渭平原城市，三年示范期结束后试点城市城区清洁取暖率要达到 100%
2018 年	国家发展和改革委员会	《国家能源局关于做好2018—2019 年采暖季清洁供暖工作的通知》	稳妥推进"煤改气""煤改电"。坚持宜电则电、宜气则气、宜煤则煤、宜热则热，以供定改，先立后破。"煤改气"要以气定改，先落实气源再实施改造
2018 年	甘肃省人民政府	《甘肃省推进绿色生态产业发展规划》	文件指出要用好国家关于北方地区清洁供暖价格政策，指导推动建成一批新能源清洁供暖项目，在农村和城市供热管网未覆盖地区积极推广电采暖模式。开展清洁能源供暖试点示范，逐步具备条件的县市区推广电采暖替代燃煤锅炉采暖

续表

时间	发文单位	文件名称	相关内容
2018 年	吉林省物价局	《关于进一步明确我省清洁供暖价格政策有关问题的通知》	鼓励利用谷段低价电供暖，提高电力利用效率，降低用电成本。分户式电采暖价格，在取暖期期间执行居民峰谷分时电价，非取暖期间执行居民阶梯电价。集中式居民电取暖和非居民电采暖，在采暖期内用电执行居民非阶梯电价政策
2017 年	北京市人民政府	《2017 年农村地区冬季清洁取暖工作实施方案》	由市财政对取暖设备购置费用给予一次性补贴。其中 500 户以下的村庄补贴 1.2 万元，500 户（含）以上的村庄补贴 2.4 万元，区财政可给予适当补贴。同时，执行农村地区村庄内住户"煤改清洁能源"相关气价、电价补贴政策
2017 年	河北省人民政府	《2017 年农村清洁能源开发利用工程建设推进方案》	在电力保障、住宅保温条件较好的农户，扩大碳纤维电采暖、电采暖锅炉、空气源采暖使用规模，每户补贴 2700 元
2018 年 8 月	山东省发展和改革委员会	《山东省煤炭消费减量替代工作方案》	电采暖户享有一定电价优惠政策，采暖季月用电量超出 400 千瓦时达到阶梯电价第三档的，继续执行第二档电价 0.5969 元/千瓦时，也就是每千瓦时享受 0.3 元的优惠
2018 年	河南省发展和改革委员会	《关于我省电能替代工作实施方案（2017—2020 年)》	政府确定的农村"煤改电"试点用户，以及安装节能电采暖设施的城镇居民用户，开展设备一次性补助和运行补贴；对实施电能替代的工商业用户，以电能替代电量电费中征收的城市公用事业附加费为限给予支持
2018 年 1 月	吉林省能源局	《吉林省电采暖试点工作方案的通知》	单户式居民客户：已采用电锅炉或电采暖取暖的居民客户，电价仍按现行规定执行峰谷时段电价 非居民客户（含集中式居民电采暖客户）：1 千伏以下客户用电电价为 0.5424 元/千瓦时，1 千伏及以上客户用电电价为 0.5324 元/千瓦时

(2) 技术发展为节能添砖加瓦

2012 年 6 月国家标准委与国家发展和改革委员会、工业和信息化部、住房和城乡建设部、交通运输部等部门和行业启动了"百项能效标准推进工程",从国家层面出发,不断推进节能事业。目前,国家标准委已组织修订数十项能效标准,涉及家用电器、照明器具等,并且陆续实施节能产品认证制度、强制能效标识制度、节能产品政府采购制度,实施了企业所得税优惠政策以及"节能产品惠民工程"等一系列旨在推动能效提高、推进节能技术进步的政策措施。自 2014 年以来,我国家用设备能源效率不断提高,再加上国家媒体的大力宣传,居民选购时倾向于能效标识较高的产品,助力我国家庭能源消费量减少,推动能源结构转型。

4.4　家庭碳足迹分析对比

4.4.1　家庭年碳排放来源分析

按照如下系数计算能源品碳排放量:①含碳量和碳氧化率数据来自《综合能耗计算通则》(GB/T 2589—2008)。②平均低位发热量和排放系数数据来自《省级温室气体清单编制指南(试行)》(发改办气候〔2011〕1041 号),考虑到家庭煤炭燃烧不充分,因此仅取标准系数的 50%。③二氧化碳排放缺省值方面,蜂窝煤/煤球、汽油/柴油/煤油、液化石油气、管道天然气、管道煤气、燃料油、木炭的碳排放数据来自《2006 IPCC 国家温室气体排放清单指南》公布的住宅和农业/林业/捕捞业/养鱼场类别中固定源燃烧的缺省排放因子。④对于生物质能,由于其具有"碳中和"的性质,因此取其碳排放系数为 0。⑤对于热力,根据国家发展和改革委员会公布的《公共建筑运营企业温室气体排放核算方法和报告指南(试行)》,取值为 110 000 千克/太焦。⑥对于电力,参考《2019 年中国区域及省级电网平均二氧化碳排放因子》,采用 2019 年各省碳排放因子。具体见表 4-7和表 4-8。

表 4-7　能源品碳排放系数

能源品	碳排放系数
煤(无烟煤)	2.53
柴油	2.73
瓶装液化气	1.75
畜禽粪便	1.06
薪柴	1.62
秸秆	1.27

能源品	碳排放系数
天然气	2.09
管道煤气	0.78
沼气	1.75
木炭	1.12

表 4-8 2019 年区域电网碳排放因子

(单位：千克二氧化碳/千瓦时)

地区	电网碳排放因子
东北电网	0.769 1
华北电网	0.817 8
西北电网	0.578 4
华东电网	0.595 0
华中电网	0.421 9
南方电网	0.379 3

资料来源：《2019 年中国区域及省级电网平均二氧化碳排放因子》，燃料排放因子使用 IPCC 缺省值 95% 置信区间下限

本节根据以上系数建立分能源品和能源用途的碳排放矩阵，基于发电煤耗法，按各省户数进行加权后，计算我国 2021 年居民家庭能源消费碳排放平衡表（表 4-10）。可以看到，对于标准化的每个居民家庭，按各省户数加权后，每年的碳排放量为 2073.17 千克（不含交通）。其中，热力、电力和管道天然气是碳排放最主要的三大来源。

从能源种类看（不含交通），来自热力的碳排放量为 1041.46 千克，约占居民家庭碳排放总量的 50.24%；来自电力（不含交通）的碳排放量为 654.81 千克，约占总排放量的 31.58%；来自管道天然气（不含交通）的碳排放量为 231.60 千克，约占总量的 11.17%（表 4-9，图 4-16）。可以看出，碳排放产生的两大主要来源是热力和电力。通常有人认为，电力是一种较为清洁的能源，但事实上电力仅仅是使用清洁，其生产过程并不清洁。以我国为例，我国 70% 左右的电力来自于煤炭发电，而煤炭发电组本身效率仅有 30%~40%，再加上长距离运输的因素，其最终效率更低，因此电能本身并不低碳。

从能源用途看，家庭供暖的碳排放量最大，为 1203.77 千克，约占居民家庭碳排放总量的 58.06%；其次是烹饪，产生的碳排放量为 304.49 千克，约占排放

表 4-9　2021 年各省户数加权家庭能源消费碳排放表：发电煤耗法

（单位：千克二氧化碳）

	能源类型	薪柴/秸秆	木炭	柴油/汽油/煤油/乙醇汽油	煤炭	电力	瓶装液化气	管道天然气	管道煤气	沼气	太阳能	热力	合计
烹饪	柴火灶/土灶	7.79											7.79
	蜂窝煤炉				0.57								0.57
	电磁炉					63.15							63.15
	煤气炉						22.64	90.45	4.86				117.95
	沼气炉									0.06			0.06
	电饭煲					82.51							82.51
	高压锅					3.20							3.20
	微波炉					4.99							4.99
	烤箱					1.47							1.47
	太阳能灶												0.00
	电水壶					22.81							22.81
	其他												0.00
家用电器	冰箱					40.88							40.88
	冰柜												0
	洗衣机					26.39							26.39
	烘干机												0
	电视机					108.29							108.29
	计算机					30.70							30.70
	电灯					13.00							13.00

续表

能源类型		薪柴/秸秆	木炭	柴油/汽油/煤油/乙醇汽油	煤炭	电力	瓶装液化气	管道天然气	管道煤气	沼气	太阳能	热力	合计
家庭供暖	集中供暖											1041.46	1041.46
	炕	3.47			8.94	0.01							12.42
	家用空调采暖					22.78							22.78
	锅炉/管道供暖				27.55	0.46	4.25	4.54					36.80
	壁挂炉/管道供暖					1.99		27.46					29.45
	采暖火炉（燃烧木材/煤炭等）	7.52			43.47								50.99
	电辐射取暖（电暖器）					5.47							5.47
	电热地膜采暖					4.41							4.41
	其他												0
热水	热水器					94.65	14.18	109.15					217.98
制冷	空调					121.29							121.29
	电风扇					6.37							6.37
合计（不含交通）		18.79	0	0	80.53	654.81	41.07	231.60	4.86	0.06	0	1041.46	2073.18
交通	电动车					14.29							14.29
	摩托车			23.45									23.45
	私人汽车			345.96									345.96
合计（含交通）		18.79	0	369.41	80.53	669.10	41.07	231.60	4.86	0.06	0	1041.46	2456.88

总量的 14.69%；家用电器和热水产生的碳排放量数量相当，分别占排放总量的
10.58% 和 10.51%；制冷产生的碳排放量最低，仅为 127.67 千克，约占排放总
量的 6.16%（图 4-17）。

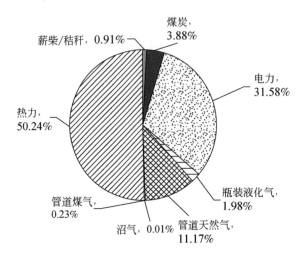

图 4-16　碳排放来源构成：按能源种类

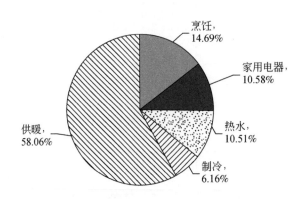

图 4-17　碳排放来源构成：按能源用途

4.4.2　南北方居民家庭碳排放比较分析

从居民家庭碳排放总量来看，南方居民家庭 2021 年的二氧化碳排放总量为
1125.75 千克，主要产生于烹饪、热水和家用电器；北方居民家庭 2021 年的二氧
化碳排放总量为 3029.2 千克，其中有一半以上碳排放是由家庭供暖产生。北方

居民家庭的年碳排放总量约为南方家庭的 2.69 倍，这一差异也主要体现在供暖方面。

（1）南方居民家庭碳排放主要来源是电力，而北方居民家庭则是热力

从产生碳排放的能源品种看（图 4-18），电力产生的碳排放是南方居民家庭的主力，南方居民家庭由电力产生的碳排放量为 669.9 千克，占到居民家庭碳排放总量的 59.51%。而北方居民家庭碳排放产生的主要来源则为热力，北方居民家庭由热力产生的碳排放量为 2025.85 千克，占到居民家庭碳排放总量的 66.88%。北方居民家庭由集中供暖产生的碳排放明显高于南方，是南方家庭的 30 多倍。此外，北方居民家庭由薪柴/秸秆及煤炭产生的碳排放也略高于南方居民家庭。而南方居民家庭使用瓶装液化气、管道天然气及电力所产生的碳排放高于北方居民家庭，但上述差别并不明显。

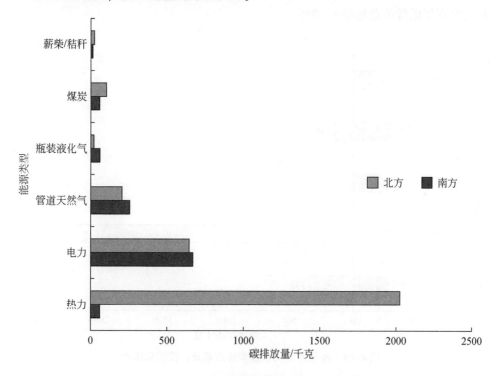

图 4-18 南北方居民家庭碳排放差异：按能源品种

（2）南方和北方家庭的碳排放差异主要体现在供暖上

分能源用途看，如图 4-19 所示，在烹饪方面，2021 年南方居民家庭烹饪产生的碳排放量为 266.64 千克，占到家庭碳排放总量的 23.72%；而北方居民家庭烹饪产生的碳排放量为 342.5 千克，高于南方居民家庭。

在供暖方面，受南北气温差异的影响，南方居民家庭由家庭供暖产生的碳排放量仅为173.63千克，占家庭年碳排放总量的15.41%；而北方居民家庭的碳排放主要来自家庭供暖，为2242.78千克，占全年家庭碳排放总量的74.03%，约是南方居民家庭供暖碳排放量的13倍。

同样，受气温影响，南方居民家庭在制冷和热水方面的碳排放都比北方居民家庭高，分别为164.17千克和286.54千克，占家庭年碳排放总量的14.57%和25.43%；北方居民家庭在这方面的年碳排放量仅为91.03千克和149.17千克，分别占家庭年排放总量的3.00%和4.92%。

在家用电器方面，南方和北方居民家庭的实际排放量差异并不太大。南方居民家庭因使用家用电器而产生的碳排放量为234.77千克，占家庭年碳排放总量的20.83%；北方居民家庭因使用家用电器而产生的碳排放量为203.70千克，但只占家庭年碳排放总量的6.72%。

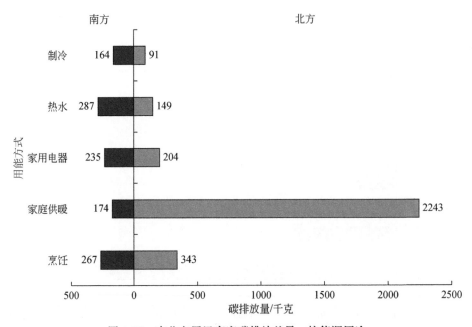

图4-19　南北方居民家庭碳排放差异：按能源用途

4.4.3　分区域居民家庭碳排放比较分析

若不考虑交通用能，2021年东部、中部、西部及东北地区居民家庭碳排放量分别为2173.01千克、2582.45千克、990.50千克和2936.65千克。其中，电力、集中供暖和管道气是产生居民家庭碳排放的主力，同时也是导致不同地区之间碳排放差异的主要原因。

（1）居民家庭碳排放的主要差异来源于电力、集中供暖和管道气消费

分能源种类看，2021年集中供暖是四大地区碳排放的最主要来源，占居民家庭碳排放总量的40%以上，且由此产生的碳排放在不同区域之间存在很大差异（图4-20）。由于冬季温差较大，2021年东北地区居民家庭集中供暖产生的碳排放最多，为2178.10千克，其次为中部地区（1586.53千克），之后是东部地区（907.27千克），最后是西部地区（467.87千克）。

电力消费产生的碳排放仅次于集中供暖，成为居民家庭碳排放的第二大来源。东部地区和中部地区居民家庭来自电力消费的碳排放量相对接近，分别为766.46千克和637.87千克；东北地区和西部地区居民家庭电力消费产生的碳排放低于东部和中部地区，分别为534.26千克和416.14千克。

除了集中供暖和电力消费之外，管道气消费是家庭碳排放的又一大来源。与电力消费类似，2021年东部地区和中部地区居民家庭产生于管道气消费的碳排放量比较接近，分别为297.24千克和274.77千克，远远高于西部地区和东北地区。西部地区居民家庭来自管道气消费的碳排放为72.98千克，而东北地区居民家庭来自管道气的碳排放最低，仅为50.86千克。

在煤炭消费方面，东部地区居民家庭产生于煤炭的碳排放量为119.62千克，而西部地区居民家庭来自煤炭的碳排放量仅为0.90千克。在生物质能方面，东北地区居民家庭产生于使用生物质能的碳排放量为123.24千克，而中部地区没有来自生物质能的碳排放。此外，产生于瓶装液化气的碳排放量在地区之间差异不大。

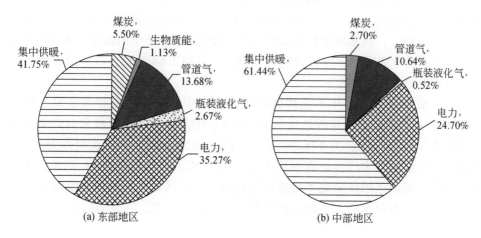

(a) 东部地区　　　　　　　　(b) 中部地区

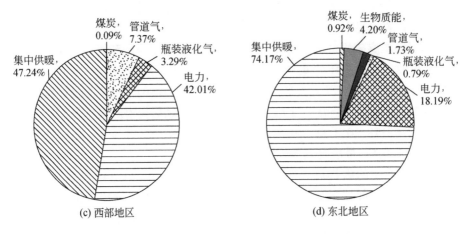

图 4-20　不同区域居民家庭碳排放差异：按能源品种

（2）区域之间碳排放差异主要体现在供暖、热水和制冷上

从能源用途来看，地区之间由于供暖、热水和制冷产生的碳排放差异十分明显（图 4-21）。

在供暖方面，2021 年东北地区居民家庭由于供暖产生的碳排放量高达 2285.56 千克，占家庭碳排放总量的 77.83%；其次是中部地区居民家庭，2021 年产生于供暖的碳排放量为 1764.43 千克，占比达到 68.32%；然后是东部地区，当地居民家庭来自供暖的碳排放量为 1124.49 千克，占比为 51.75%；最后是西部地区家庭，其供暖导致的碳排放量仅为 489.85 千克，占比为 49.45%。

在制冷方面，2021 年东部地区和中部地区居民家庭产生于制冷的碳排放量比较接近，分别为 174.23 千克和 142.75 千克，在家庭碳排放中占比分别为 8.02% 和 5.53%；西部地区和东北地区居民家庭由制冷产生的碳排放远远低于东部地区和中部地区居民家庭，分别为 14.86 千克和 3.64 千克，在家庭碳排放中占比分别为 1.5% 和 0.12%。

在热水方面，2021 年东部地区居民家庭产生于热水的碳排放最高，达到 279.86 千克，占家庭碳排放总量的 12.88%；中部地区居民家庭来自热水的碳排放仅次于东部地区，为 178.97 千克，占比达到 6.93%；再次是西部地区，当地居民家庭由热水产生的碳排放为 127.11 千克，占比却高达 12.83%，可能的原因是西部地区居民家庭本身碳排放远低于其他区域；最后是东北地区，当地居民家庭来自热水所产生的碳排放量仅为 98.27 千克，占比也仅为 3.35%。

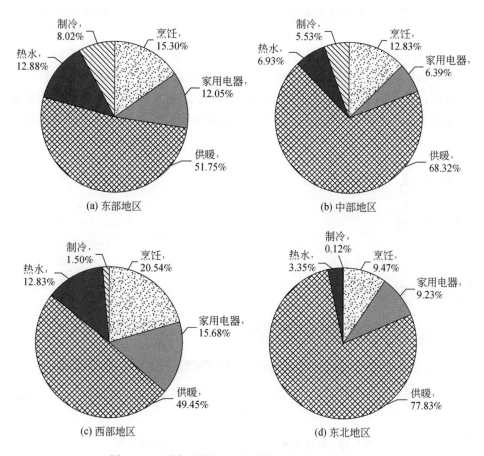

图 4-21　不同区域居民家庭碳排放差异：按能源用途

4.4.4　城乡居民家庭碳排放比较分析

从居民家庭碳排放总量来看，城市居民家庭 2021 年的二氧化碳排放总量为 2254.31 千克，农村居民家庭 2021 年的二氧化碳排放总量为 2061.04 千克。城市家庭的年碳排放总量高于农村居民家庭，且由供暖、家用电器、热水及制冷方面产生的二氧化碳排放量也均高于农村居民家庭。

（1）城乡家庭碳排放差异主要源于集中供暖和煤炭等能源种类

从产生碳排放的能源品种看（图 4-22），集中供暖产生的碳排放为城市居民家庭和农村居民家庭的主力，分别为 1373.64 千克和 1153.98 千克，前者占城市居民家庭碳排放总量的 60.93%，后者占农村居民家庭碳排放总量的

55.99%。除集中供暖产生的碳排放城市明显高于农村之外，城乡家庭碳排放最明显的差异还体现在煤炭的使用上。农村居民家庭由煤炭产生的碳排放量为131.30千克，而城镇居民家庭由煤炭产生的碳排放量仅为10.39千克，农村居民家庭由煤炭产生的碳排放是城市居民家庭的12倍多。但在电力和管道天然气方面，城市居民家庭由此产生的碳排放高于农村居民家庭。在其他能源品上（瓶装液化气、薪柴/秸秆），城市居民家庭和农村居民家庭产生的碳排放量差异不大。

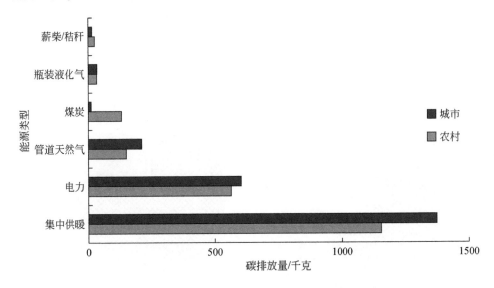

图4-22　碳排放来源构成的城乡差异：按能源品种

（2）城乡家庭碳排放差异主要源于制冷、热水和供暖等用能行为

从能源用途产生的碳排放来看，城乡家庭碳排放最明显的差异体现在制冷、热水和家庭供暖三个方面。城市居民家庭源于制冷的碳排放量为103千克，约是农村居民家庭的1.9倍。城市居民家庭来自热水和家庭供暖的碳排放量分别为214千克和1444千克，而农村居民家庭对应的碳排放比城市居民家庭分别少70千克左右。此外，城市居民家庭来自家用电器的碳排放也略高于农村居民家庭，城市居民家庭来自家用电器的碳排放量为218千克，而农村居民家庭来自家用电器的碳排放量为204千克。仅在烹饪方面，农村居民家庭产生的碳排放高于城镇居民家庭，但这一差异并不明显（图4-23）。

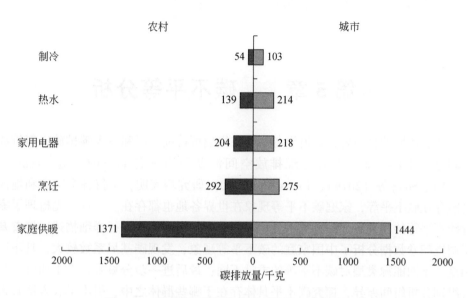

图 4-23　碳排放来源构成的城乡差异：按能源用途

4.5　本章小结

　　本章使用能源平衡表与能流图从能源消费数量与居民家庭碳排放两个角度，对我国居民家庭能源消费特征及碳排放行为进行分析。本章得到的主要结论如下：①基于发电煤耗法计算得到，2021 年我国居民家庭能源消耗（不含交通）为 876.14 千克标准煤。在能源种类上，电力和热力是能源消费的主力；在使用方式上，能源主要用于烹饪和供暖。②从南北比较来看，北方地区居民家庭能源消费约为南方家庭的 1.53 倍，南北方家庭的差异主要体现在电力和热力消费上。③从区域比较来看，2021 年西部地区居民家庭能源消费量远远低于其他地区，不同区域之间能源消费差异主要体现在电力、热力和管道气消费上。④2021 年居民家庭能源消费总量仅为 2014 年能源消费总量的 53% 左右，2021 年居民家庭在生物质能、电力、煤炭及燃气上的消费量大幅减少了，"煤改电"政策的推进为这一现象提供了可能的解释。⑤2021 年我国居民家庭的碳排放量（不含交通）约为 2073.17 千克，热力和电力是碳排放的主要来源，取暖产生的碳排放量最高。

第5章 碳不平等分析

随着环境的日益恶化，世界各国都在提倡可持续发展和减少碳排放，但排放空间是有限的，如何合理分配排放空间涉及各国和各群体的利益。Feng 等（2021）、Song 等（2019）、Tomas 等（2020）研究均表明，不仅各个国家和地区之间存在碳不平等，家庭碳不平等现象在世界各地也都存在。本章首先梳理了家庭碳不平等的相关研究的文献；然后对全球碳不平等现象进行详细描述；接着基于调查问卷数据分析了中国家庭的碳不平等现象，发现碳基尼系数较大，且不同用途和不同能源类型对碳不平等的贡献不同；最后进一步分城乡、东中西部、收入组别分析组间差异，探究碳不平具体存在于哪些群体之中，引出了收入增长带来能源结构转变这一解决碳公平问题的可能思路。

5.1 文 献 综 述

随着经济社会的发展、温室气体的大量排放，全球变暖已经成为全人类面临的严峻性问题，各个国家都先后实施了一系列政策促进节能减排和可持续发展等。中国作为世界上最大的发展中国家，碳排放量也一直居高不下，2020 年中国二氧化碳排放量达 98.94 亿吨，占全球二氧化碳排放的 30.9%，位列第一；美国和印度碳排放量分别为 44.32 亿吨（占比 13.9%）和 22.98 亿吨（占比 7.2%），位居全球第二和第三。我国为应对气候变化、减少碳排放也采取了一系列措施。2020 年 9 月，习近平主席在第 75 届联合国大会一般性辩论上宣布，中国二氧化碳排放力争于 2030 年前达到峰值，努力争取 2060 年前实现碳中和，即我们所说的"双碳"目标。要尽快实现碳中和，除企业外，家庭也是重要参与角色，根据联合国环境规划署发布的《2020 排放差距报告》（*Emission Gap Report 2020*），全球温室气体排放量约有 2/3 由家庭消费产生。据 Ivanova 等（2016）估计，家庭消费占全球温室气体排放的 60% 以上，且碳足迹在各地区分布不均，发达国家的占比更高。因此，减少家庭碳排放是促进碳中和进程的重要途径，但是碳不平等不仅存在于国家间，还存在于同一地区的不同家庭间，研究家庭碳不平等，有利于决策者制定更符合国情的减排政策，加快碳中和的进程。

目前研究家庭碳不平等的文献多数都聚焦于不同收入群体的碳不平等。例如，Feng 等（2021）用美国消费者支出调查数据和全球多区域投入产出模型估计了 9 个收入群体的基于消费的温室气体排放量，并评估了 2015 年美国的碳不平等情况。该研究发现最高收入组（年收入大于 20 万美元）的人均碳足迹为 32.3 吨，约为最低收入组（年收入小于 1.5 万美元）的人均碳足迹（12.3 吨）的 2.6 倍，该差异来主要是由于高收入组和低收入组在消费量上的巨大差距；同时美国人均碳足迹为 18.1 吨，远高于全球平均水平（约为 5 吨），这主要是由于美国在供暖、制冷及私人交通上的高排放。Song 等（2019）的研究也表明美国国内的碳不平等现象的存在，人均碳足迹通常随着家庭收入的增加而增加，范围大概在 12.1 ~ 28.6 吨二氧化碳/人，数值与 Feng 等（2021）的研究相差不大。Vera 等（2021）测算了墨西哥不同家庭收入群体之间的碳不平等，结果显示收入最低的 10% 家庭排放的二氧化碳量只占总量的 2.7%，而收入最高 10% 家庭排放量的占比达 26.8%，碳不平等程度很大。Tomas 等（2020）使用环境扩展的多区域投入产出模型分析了 2008 ~ 2017 年西班牙家庭的碳足迹，结果显示大中型城市的居民比定居在小城市居民的人均碳排放量要少，这种碳不平衡主要是由于居住在小城市的居民，特别是居住在农村地区的居民的直接碳足迹更高，但碳足迹基尼系数则表明小城市的收入和二氧化碳排放的不平等程度都低于大中城市。Zhong 等（2020）研究了十个拉丁美洲和加勒比海国家之间及国家内部的家庭碳不平等现象，与其他文献不同的是，作者还计算了能源足迹，结果显示，该地区的人均碳足迹为 0.53 ~ 2.21 吨二氧化碳，能源足迹为 0.38 ~ 1.76 吨标准石油当量；在所研究的拉丁美洲和加勒比海地区国家中，区域总碳足迹和人均碳足迹、能源足迹存在明显的不平等，收入最高的 10% 的人群占区域总碳足迹和能源足迹的 29.1% 和 26.3%，他们的人均碳足迹和能源足迹是该区域收入最低的 10% 人群的 12.2 倍和 7.5 倍，且计算结果表明这些国家的基尼系数在 0.33 ~ 0.52，碳不平等程度较大。

由于我国的城乡二元社会结构，大部分关于不同收入群体的碳不平等研究都和城乡差异联系在一起。例如，周丁琳等（2020）利用 LMDI 方法进行城乡间对比分解，发现农村的人均碳排放量通常低于城镇，但随着物质生活的逐渐改善，农村的人均碳排放量逐渐上升，但作者只研究了直接碳排放，没有包括间接碳排放。Zhang 等（2016）研究发现，2012 年，城市中收入最高的 5% 的人群占我国家庭消费总碳足迹的 19%，人均碳排放量为 6.4 吨，而占总人口 58% 的农村人口和城市贫困人口的碳足迹仅有 0.5 ~ 1.6 吨/人，低于全国平均值（1.7 吨/人）。2007 ~ 2012 年，我国家庭总碳足迹增加了 19%，而其中 75% 的增长是由于城市中高收入群体的消费增长引起的；2007 ~ 2012 年，我国城市的整体碳不平等水平略有下降，但农村的碳不平等程度则有所加剧。与此类似，Mi 等（2020）

研究表明，2012 年我国收入最高的 5% 的人群带来了全国家庭碳足迹的 17%，而收入靠后的 50% 的人群只贡献了 25% 的碳足迹；并且碳不平等程度随着经济增长在空间和时间上都有所下降。其原因在于：一是碳足迹在较发达的东南沿海地区比在较贫穷的内陆地区显示出更大的趋同性，二是全国的碳足迹基尼系数从 2007 年的 0.44 下降到了 2012 年的 0.37。但与 Zhang 等（2016）不同，Mi 等（2020）发现，从 2007 年到 2012 年，我国农村的碳不平等程度也有所下降。Wang 和 Yuan（2022）使用投入产出模型和基尼系数分析了中国碳不平等的城乡差异，并预测了未来的碳不平等，结果表明，2017 年，收入排名前 10% 的人群带来了 24.7% 的家庭碳排放量，而收入排名最后的 46% 的人群只带来 24.6% 的排放量；2017 年中国的总体碳不平等程度为 0.32，其中城市为 0.31，农村为 0.27；预测到 2050 年，中国的总体碳不平等程度分别为总体 0.41，其中城市为 0.35，农村为 0.34，可以看到农村碳不平等程度最低，但未来城乡的碳不平等程度都将增加。Zhang 等（2017）研究发现城市家庭对二氧化碳的负面影响是农村家庭的 1.8 倍，城市收入最高的家庭群体的负面影响在 2007 年是极端贫困家庭的 4.7 倍，2012 年是 3.8 倍；在农村地区，收入最高的家庭群体在 2007 年是极端贫困家庭的负面影响的 2.2 倍，2012 年是 1.8 倍，同样说明城市的碳不平等程度比农村高。Liu 等（2019）估算了 2002～2012 年城市家庭的间接碳排放量，结果表明收入前 10% 的高收入群体的间接碳排放量约占碳排放总量的 21%，超过 58% 的间接碳排放来自富裕群体。

除了城乡差异，还有部分学者研究了不同区域的碳不平等。例如，Xu 等（2016）分析了中国城市家庭的碳不平等，结果表明中国城市家庭人均碳排放的基尼系数为 0.579，以区域划分的不同样本的基尼系数从 0.44 到 0.73 不等，家庭碳不平等与城市家庭人均碳排放平均值呈正相关，这表明家庭人均碳排放量的增加将加剧中国城市区域家庭碳不平等。具体来看，东北、西北城市家庭人均碳排放量的基尼系数高达 0.64～0.73，而华北、华东、华中城市居民人均排放量的基尼系数则低至 0.45。Zhang 等（2018）发现与中国东部较发达省份相比，西部欠发达省份的人均碳足迹相对较小，但其不同家庭群体之间的不平等程度更大。

在验证了碳不平等存在的基础上，很多文献进一步研究了碳不平等的来源和促进因素。例如，周丁琳等（2020）研究城乡对比差异时发现能源强度和人均收入对城乡间居民人均生活碳排放的作用强度最大，但能源强度是造成农村居民人均碳排放高于城镇居民的因素，而人均收入的作用规律则相反，低收入导致低碳排放，最终呈现农村人均碳排放低于城市的现象。Wang 和 Yuan（2022）预测中国未来的碳不平等程度将随着需求侧的增长而增加，而这可以归因于家庭支出的影响；高收入群体对住房和交通等碳密集型商品的需求的收入弹性更大，这将导致高收入群体在碳密集型商品上的支出增加，从而进一步扩大低收入群体和高收入群体之间家庭碳排放的差距。与 Wang 和 Yuan（2022）的研究结论相反，Feng 等（2021）研究美国的家庭碳排放，认为消费模式倾向于缩小收入群体之间家庭人均碳排放的差距，因为高收入群体每美元支出的碳强度较低；此外，作者发现影响碳足迹的另一个重要因素是家庭规模，因为家庭成员可以共享家庭设备和其他消费项目从而降低人均碳排放。还有学者运用基尼系数分解方法，研究不同消费类别的碳排放，确定碳不平等的来源。Zhang 等（2016）发现中国食品和住房的碳足迹更加平等，而服务和流动性的碳足迹在中国人口中的分布更不平等。Xu 等（2016）则研究了中国城市家庭碳不平等的来源和影响因素，发现高碳强度的住宅消费是中国城市家庭碳不平等的最重要来源，而食品消费及教育、文化和娱乐服务的消费是第二大来源；同时，Shapley 分解显示中国城市家庭碳不平等的影响因素依次为家庭人口特征（59.74%）、家庭就业和收入（24.31%）、家庭负担（8.00%）及家庭资产和财务计划（7.95%）。Gao 等（2020）研究发现收入、教育水平、生活条件和资产所有权等方面的差异，以及城乡差距是造成碳足迹差异的主要因素。

除上述收入差异和不同地区的碳不平等研究外，近几年有学者开始研究人口老龄化引起的碳不平等现象。Liu 和 Zhang（2022）计算了中国 25 个省份八类家庭群体的碳足迹和碳足迹基尼系数，结果表明不同家庭群体的人均碳足迹差异明显，老年人的排放量往往较少，而年轻人的支出偏好与当前老年人完全不同，年轻人的碳足迹可能不会随着年龄的增长而降低，未来降低碳排放的压力很大。而且年轻人从农村迁移到城市，将老人和儿童留守在农村，因此农村地区的人口老龄化比城市更严重，这加剧了家庭之间的碳不平等。Fan 等（2021）把人口老龄化和城乡差异结合起来，分析了中国城乡人口老龄化与家庭碳排放的关系，结果发现城乡之间人口老龄化对家庭碳排放的影响存在明显差异：城市人口老龄化增加了城市家庭的碳排放量，但如果城市人口老龄化水平超过阈值，碳排放率就会很低；然而，农村人口老龄化最初对农村家庭碳排放没有显著影响，最终在农村人口老龄化水平超过阈值时会增加农村家庭碳排放。

综合上述分析，可以发现家庭碳不平等现象在世界各地都存在，富裕群体的碳排放量是贫困人口的几倍到十几倍不等，不同国家相差不同。而在中国，农村人口的碳排放量低于城市人口，这往往是由于农村收入低导致的；分区域来看，发达地区的碳排放量相对较高，但其基尼系数相对较低，即碳不平等程度要弱于欠发达地区，这可能是欠发达地区内部的差异更大导致的；随着人口老龄化，我们也要关注老龄化引起的碳不平等。因此，考虑到家庭碳不平等的普遍存在，以及家庭在碳减排过程中的重要性的不断凸显，重点关注家庭碳不平等的程度及不平等的来源，将有助于决策者有针对性地制定差异化政策，促进减排目标的实现。

5.2　全球碳不平等现状

　　碳不平等虽然广泛且长期存在，但直到《巴黎协定》签订后才被正式提出和得到广泛关注。《联合国气候变化框架公约》对温室气体排放的公平性（气候公正）进行了阐述：为了人类的现在和将来，各方应按照自身能力，根据公平但有差别的原则承担保护气候系统的责任。可见，减排行动方案必须要关注公平问题，而碳公平问题与可持续发展、能源贫困等问题息息相关。

　　碳不平等问题在全球范围内广泛存在。从历史视角看，不同于水污染、土壤污染等区域性环境问题，二氧化碳会在大气中长久存在，其导致的全球气候变化问题也具有很长的时间跨度，当前温室气体排放的不利影响要到几十年甚至几百年后才会显现出来，因此关注历史累积碳排放量对分析全球碳不平等具有重要意义。一般来讲，经济发展水平较高的国家和地区，其历史累积的碳排放水平也较高。图 5-1 展示了美国、英国、欧盟、中国、印度这五个代表性国家（地

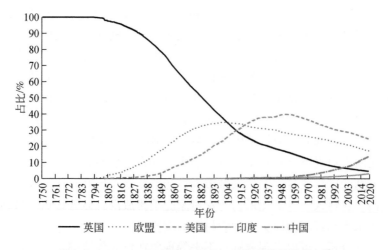

图 5-1　1750～2020 年全球累积二氧化碳排放量份额①

数据来源：Our World in Data

---

　　①　累积排放量计算为从 1750 年到给定年的排放量之和。

区）的 1750~2020 年全球累积二氧化碳排放量份额①。可以看到，在 18 世纪中叶到 19 世纪初，由于英国率先进入工业革命，因此当时的碳排放基本来自于英国；进入 19 世纪后，欧盟和美国的碳排放占比开始逐步上升，英国碳排放占比虽有所下降，但仍远高于其他国家（地区）；进入 20 世纪，印度和中国碳排放也开始逐步增加，但印度增速远慢于中国，尤其是 20 世纪中叶后，两者占比差距开始拉大，英国的排放份额则一直处于下降状态；到 2020 年，美国的累积碳排放量最多，约占世界总排放量的 25%，欧盟约占 17%，中国约占 14%，英国约占 5%。因此，虽然近年来中国、印度等发展中国家的碳排放量急速上升，但发达国家的累积排放量远高于发展中国家。图 5-2 列出了 1850~2021 年累计二氧化碳排放量排名前十的国家，大部分都为发达国家，中国位列第二，但其累积碳排放量仅约为美国的一半。

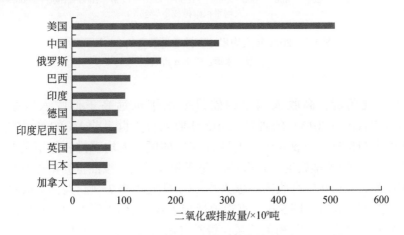

图 5-2　1850~2021 年累计二氧化碳排放量排名前十的国家②

数据来源：Statista 全球统计数据库

除了关注碳排放总量外，各国人口不等，相差较大，因此人均碳排放量也是衡量碳不平等的一个重要指标。图 5-3 列出了 2021 年人均累积碳排放量最高的 20 个国家，即用各国截至 2021 年的累积碳排放量除以各自的人口数，隐含地将过去的责任分配给了今天的人。可以发现，这些国家同样基本是发达国家，排名前三的国家分别是加拿大、美国和爱沙尼亚，中国不在其中。

---

① 因数据缺失，图中各国家（地区）的数据跨度时间不同。英国为 1950~2020 年；欧盟虽于 1993 年正式成立，但此处汇总了 27 个国家（不包含英国）1792~2020 年的排放量；美国为 1800~2020 年；印度为 1858~1866、1878~2020 年；中国为 1902~2020 年。

② 二氧化碳排放量包含化石燃料、土地利用和林业。

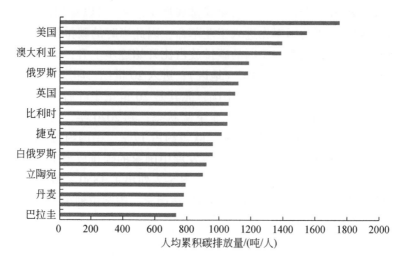

图 5-3 2021 年人均累计碳排放量最高的 20 个国家

数据来源：Carbon Brief

从横向视角看，高收入国家的碳排放水平也远高于低收入国家。根据 Chancel 和 Piketty（2015）的研究，2013 年收入位于世界前 1% 的美国的人均碳排放量高达 318 吨，而收入位于世界后 10% 的国家人均碳排放却不足 1 吨。如图 5-4 所示，人均碳排放量与人均 GDP 呈正相关关系。按照世界银行对全球经济体的组别分类，2020 年高收入国家人均 CO_2 排放为 9.78 吨/人，是低收入国家的 40.75 倍（图 5-5）。图 5-6 更直观地展现了各国 2019 年人均二氧化碳排放量与极端贫困人口比例呈负相关关系，极端贫困人口比例大于 10% 的国家，其人均碳排放量基本接近于 0，而那些贫困人口比例趋近于 0 的国家，人均碳排放量则在 5 吨左右。同时，同一经济体内部富裕人群的碳排放也往往高于贫困人群。

进一步地，我们引入不平等分析工具对现状进行描述，即伪碳排放基尼系数。伪碳排放基尼系数又可称作碳集中指数，按照人均 GDP 进行排序，考察碳排放在不同收入人群中的分布情况，是从二维角度考察与人群经济状况相关的碳排放不平等情况。该指数为正，则说明经济发展水平高的地区或群体的人均碳排放高于经济发展水平低的地区或群体；指数为负则说明经济发展水平低的地区或群体的排放份额超过其经济份额。如图 5-7 所示，在 1971～2018 年的近 50 年时间里，全球碳排放不平等问题确实得到了缓解，但还远远不够，高收入国家和人群享受了更多二氧化碳排放带来的收益。

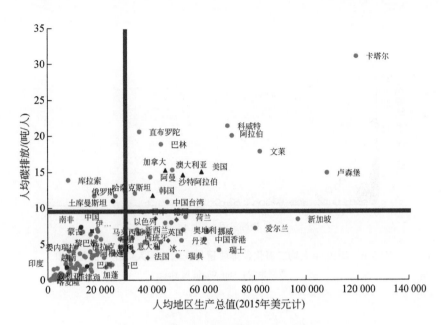

图 5-4 全球人均碳排放与人均 GDP 的关系
数据来源：Our World in Data

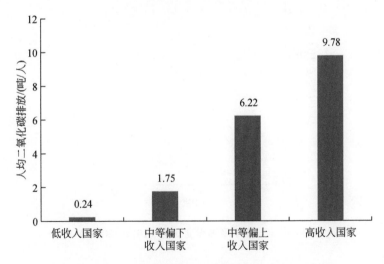

图 5-5 2020 年不同收入分组国家的人均二氧化碳排放
数据来源：Global Carbon Project

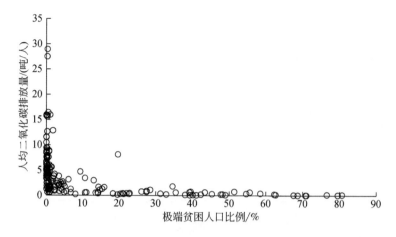

图 5-6   2019 年人均二氧化碳排放量与极端贫困人口比例的关系①

数据来源：Our World in Data

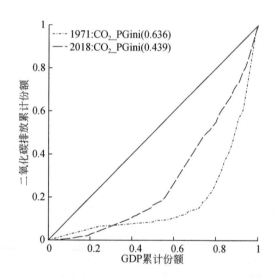

图 5-7   全球碳不平等程度变化（1971～2018 年）

　　根据以上分析，相对贫困的国家和人口排放更少的二氧化碳，却遭受了更多气候变化带来的危害（O'Neill et al.，2014；Hallegatte et al.，2015），减排责任与

---

　　① 极端贫困人口的定义是生活在国际贫困线（1.9 美元/天）以下的人口。

可持续发展之间的关系需要得到平衡。在横向维度，排放总额的合理分配是推动形成国际合作的关键核心。各地区的经济体量、发展水平和资源禀赋等方面都存在着巨大的差异，不同地区或区域间的碳排放水平也存在较大差异。碳排放总额在各个国家和地区之间的分配应以碳排放的横向公平为基本原则进行核定，发展中国家应被保留相应的碳排放权利。在纵向维度，本代人牺牲消费形成减排投资，投资成本由本代人承担，而减排的受益者主要是后代人，因而存在成本和收益的时间不匹配，可以看作是将本代财富转移到后代。而且随着经济的发展，通常情况下后代将比本代更富裕，换言之，当下减排意味着穷人财富向富人的转移，进一步加剧代际间的社会不公平性。此情可类比耗竭资源开采问题，二氧化碳减排目标的跨期分配可类比为可耗竭资源的跨期开采分配。在可耗竭资源开采的跨期决策中，决策者需要在既定的可开采资源总量的约束下，决定不同时期的最优开采量，以实现跨期的总利润最大化。在每一个开采期，若开采量过大，会使可耗竭资源的市场价格大幅降低，从而降低总利润，因此需要合理分配各个时期的开采量。在碳减排问题中，《巴黎协定》确立了"本世纪内将全球平均温升控制在2℃以内（较工业化前水平），并努力控制温升幅度不超过1.5℃"的长期目标，这意味着履约国家未来的碳排放总量需要控制在一定的范围之内。因此，可将碳排放总量看作一种可耗竭资源，减排的最优时段配置可以看作可耗竭资源的开采。结合霍特林法则（Hotelling's Rule），实现碳减排成本的代际均等化——在考虑到贴现率及经济发展等因素的前提下，使每一时期用于碳减排的成本相同——具有十分重要的意义。

5.3 中国家庭的碳不平等分析

5.3.1 不平等的测度方法

本章将使用洛伦兹曲线和基尼系数来衡量家庭碳排放的不平等情况。该方法特点在于对不平等的测度是数据驱动型，不受人为主观影响，且易于理解，并可用于进行组内和组间的比较（Kammen and Kirubi, 2008）。

5.3.1.1 洛伦兹曲线与基尼系数

洛伦兹曲线和基尼系数是经济学文献中使用最广泛的用来衡量不平等的分析工具。传统的洛伦兹曲线是利用图示的方法来反映人口累积百分比与收入累积百分比之间的对应关系，通常用来表示一个经济体内收入分配的情况。而基尼系数则是基于洛伦兹曲线对收入分配公平程度进行量化的指标。应用到碳不平等上，就是将两者原本考察的收入指标改为碳排放。洛伦兹曲线的横轴上为总体人口累积百分比，纵轴为碳排放的累积百分比。早在 1997 年，Heil 和 Wodon（1997）就利用洛伦兹曲线和基尼系数计算了全球人均碳排放的不平等程度，同时根据 Lerman 和 Yitzhaki（1985）的方法分解出富国和穷国对不平等的贡献。Padilla 和 Duro（2013）则在讨论碳排放和人口之间对应关系的基础上（洛伦兹曲线和基尼系数），新增了对碳排放和收入之间关系的探索（拟碳基尼系数）。关于对中国碳排放不平等的研究，少数学者在省级和城市层面进行了分析（Chen et al.，2016；Wang and Liu，2017）。在微观家庭层面，Zhang 等（2016）首先基于投入产出模型估算了中国家庭的碳足迹，并提出了家庭碳足迹的基尼系数。正常情况下，碳洛伦兹曲线上的点表示 $X\%$ 的人排放了 $Y\%$ 的二氧化碳。

基于洛伦兹曲线，碳基尼系数可以量化不平等程度。数学表示为

$$\text{Gini} = 1 - \left| \sum_{i=1}^{N} (X_{i+1} - X_i)(Y_{i+1} + Y_i) \right| \tag{5-1}$$

式中，X 是人口的累积百分比，Y 是碳排放量的累积百分比。Y 按由低到高的顺序排列。基尼系数范围从 0 到 1，基尼系数越大，表示碳排放不平等程度越高。基尼系数为 0 表示碳排放完全平等，所有家庭均排放同样数量的二氧化碳；相反，基尼系数为 1 则表示碳排放完全不平等。

5.3.1.2 基尼系数分解

在明确了不平等的程度后，需要进一步分析不平等的来源。由于能源消费是碳排放的最主要来源，因此我们利用夏普利（Shapley）方法将碳基尼系数按照能源品种和终端用途进行分解（Shorrocks，2013），从而明确不同能源种类和用途对碳排放不平等程度的贡献。该方法的思路是：假如有一个由 n 个玩家组成的集合 N，玩家可以组成联盟 S 为 N 的子集，s 为子集 S 的个体，$v(S)$ 为联盟力量或联盟价值，Shapley 值则为一种将剩余分配给玩家 k 的公平方法。具体公式如下：

$$e_k = \sum_{S \subset N} \frac{s!(n-s-1)!}{n!} mv(S,k), s \in \{0, n-1\}$$

$$mv(S,k) = (v(S \cup \{k\}) - v(S))$$

除了对能源消费来源进行分解，基尼系数还可以基于组别分解，如分地区、分收入等级等，遵循 Yang（1999）的方法，具体公式如下：

$$G = G_{\text{within}} + G_{\text{between}} + G_{\text{overlap}}$$

$$G_{\text{within}} = \sum_i \frac{n_i}{n} w_i G_i$$

$$G_{between} = 1 - \sum_i \frac{n_i}{n}\left(2\sum_{k=1}^{i} w_k - w_i\right)$$

式中，n_i/n 表示组别 i 在总人口中的比例；w_i 表示组别 i 在目标变量中的比例；G_i 为组别 i 的基尼系数；G_{within} 为组内基尼系数；$G_{between}$ 为组间基尼系数，衡量群体间的差异；$G_{overlap}$ 为残余项，也称为交叠效应，取决于不同组别间能源消费重叠的频率和大小。如果碳排放量没有重叠，则为 0。例如，比较湖北省最高碳排放量和河北省最低碳排放量，这两者的差异也会影响总的不平等程度。若是某个省份的最高碳排放低于另一省份的最低碳排放，这时重叠效应则为 0。该方法用于将基尼系数分解为三个地区（东部、中部、西部）及五大收入分组（低收入组、中低收入组、中等收入组、中高收入组和高收入组）。

5.3.2　中国居民家庭碳不平等现象严重

根据 CRECS 2021 的测算结果，中国居民家庭当前的碳不平等问题仍十分严重，基尼系数为 0.566，洛伦兹曲线弧度较大，偏离 45°绝对平等线。这一结果意味着较少的人排放了更多的二氧化碳。虽然在图 5-8 中我们并不能明确"较少的人"指代的是哪一部分人群，但根据已有研究，碳不平等问题主要是贫富之间的差距造成的。Cao 等（2019）指出中国城镇居民人均间接碳消费量是农村居民的 3.17 倍。

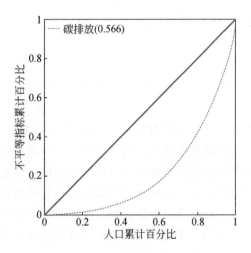

图 5-8　中国居民家庭碳排放不平等程度

不同因素对碳不平等程度的贡献可以分为自身贡献和总量贡献两类。自身贡献由洛伦兹曲线和基尼系数表示，体现的是因素本身的不平等程度，类似于平均的概念；而总量贡献则是在自身贡献的基础上加入了对因素体量的考虑，由夏普利方法分解得到。以不同用途对碳排放不平等的贡献为例，在只考虑用途本身的情况下，图5-9（a）中的取暖和制冷的碳排放不平等程度高于烹饪和家电。但由于居民取暖的碳排放量远超制冷的碳排放量，因此在考虑总量后取暖对碳排放不平等的贡献高达77.2%，而取暖只有5.6%，如图5-9（b）所示。取暖对碳不平等的高贡献主要源于集中供暖的南北方差异。在南方，居民冬天没有取暖习惯，因此取暖耗能和碳排放都远低于北方居民。但这种不平等是由气候条件决定的，不能使用"一刀切"的手段消除。取暖对于北方居民是刚性需求，应依靠优化取暖的能源结构实现碳减排。

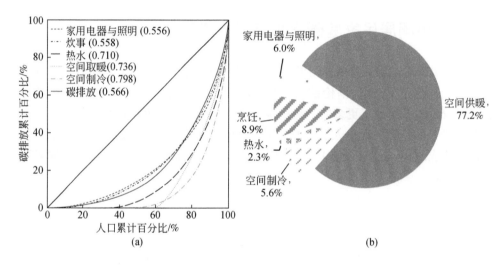

图 5-9 不同用途对碳排放不平等的贡献

分不同能源种类看，优质能源有助于缓解碳排放不平等问题。如图5-10所示，秸秆、薪柴等生物质能的基尼系数高于煤炭，煤炭高于天然气，天然气又高于电力。污染越低的优质的能源其碳不平等程度也越低。由此可见，能源结构的转型不仅有利于减少碳排放，促进碳效率的提高，还能够帮助碳公平的实现，可谓一举两得。当然，由于较高的消费量，电力在碳排放不平等的总量贡献中占比达15.9%，略高于其他能源，但这并不影响电力本身低不平等的特征。

5.3.3 中国居民家庭碳不平等差异分析

如上所述，描述人口与碳排放累积百分比关系的洛伦兹曲线并不能明确碳不

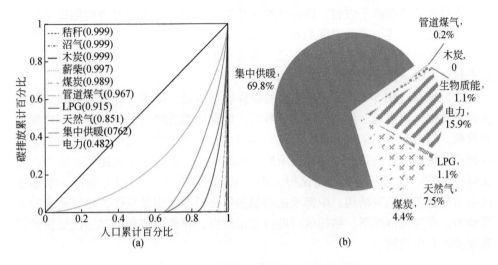

图 5-10　不同能源对碳排放不平等的贡献

平等具体存在于哪些群体之中。因此本节将对不平等的组别差异进行分析。

分城乡看（图 5-11），城市居民排放了更多的二氧化碳，但农村家庭的碳不平等程度却高于城市。从碳排放量的角度看，城市居民的人均碳排放量为 896 千克，农村居民的人均碳排放量为 753 千克；然而，农村居民的碳基尼系数为 0.662，高于城市的 0.522。造成这种现象的原因可能是，城市的经济发展水平更

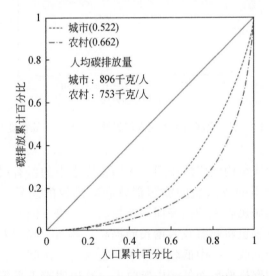

图 5-11　城乡居民家庭人均碳排放量和不平等程度对比

高，人均能源消费高于农村，因此碳排放绝对量更高。但由于城市的用能结构以电力和天然气为主，彼此之间的差距不大，因此城市家庭的碳排放不平等程度相对较低。而农村虽然碳排放总量较低，但各个家庭之间的用能结构差异较大，因此农村家庭的碳排放不平等程度相对较高。

分区域看（图 5-12），西部地区的碳排放量最低，但不平等程度最高。与城乡关系类似，西部地区经济发展速度较慢，能源消费总量较低，对应的碳排放量也较低。但由于不同家庭间能源结构差异较大，其碳不平等程度比东部和中部地区都高。值得注意的是，中部地区家庭的人均碳排放量高于东部地区。这与以往文献得出的"富人碳排放总是比穷人高"的结论有所出入，因为相比于东部地区电力化的能源消费结构，中部地区的很多居民仍然使用煤炭作为家庭消费的主要动力。在这种情况下，结构效应胜过总量效应，导致东部和中部地区居民的碳排放关系发生扭转。

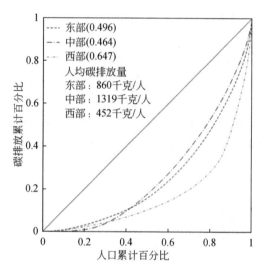

图 5-12　东中西部居民家庭人均碳排放量和不平等程度对比

为了进一步验证结构效应的作用，我们将样本中的所有居民家庭按照收入分为五个组，对比不同收入组间能源消费和碳排放的差异。如图 5-13 所示，人均能源消费量随居民收入的提高而不断提高。如果不同收入组的能源消费结构都一致，则碳排放也将随着收入增长而提高。然而，我们发现人均碳排放的上升趋势只存在于低收入—中低收入—中等收入这一区间里，中高收入组和高收入组居民的人均碳排放反而低于中等收入。这说明碳不平等问题可以通过改善能源结构来缓解。这种结构效应对应了家庭用能选择中的能源阶梯（energy ladder）理论。该理论认为随着社会经济地位的不断提高，居民对于能源的选择会出现由传统生物质能转变为煤、煤油和木炭等化石燃料和商品能源，再到电力、沼气、液化石油气等优质商品能源的变化。优质能源的能源效率和成本都高于先前阶段。

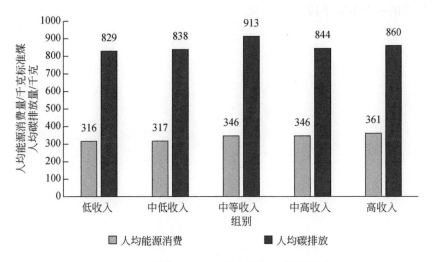

图 5-13　不同收入组居民家庭人均碳排放量对比

　　这种由收入增长带来的结构转变为保供与环境的权衡问题提供了新的解决思路，即碳能分离。长期以来，我们认为经济增长所带来的能源需求扩大必然会导致排放的增多。但如果随着经济水平的提升，用能结构逐渐清洁化，当到达某一拐点时，可能会出现"能源总量上涨，而碳排放下降"的情况，此时我们将不必担心保供所带来的环境问题，"控碳不控能"成为可行的政策选择。

5.4　本章小结

　　本章对通过对全球碳不平等的情况进行梳理，从历史维度和现实维度探讨了碳排放的横向公平和纵向公平问题，提出了碳减排过程中公平问题的重要性。考虑到家庭在减排进程中重要性的日益凸显，本章利用 CRECS 2021 的微观家庭调查数据，考察了 2021 年我国居民家庭碳不平等程度。结果发现，我国居民部门的碳不平等现象较为严重，基尼系数高达 0.566。对此从能源品种和能源用途两个方面识别了碳不平等的来源，结果显示取暖对碳不平等贡献较高，而这主要源于南北方集中供暖的差异。进一步地，通过分群组分析发现，我国城市居民碳排放量高于农村家庭，但农村家庭的碳不平等程度却高于城市家庭；西部地区的碳排放量最低，但不平等程度最高，中部地区的人均碳排放量高于东部地区。本章的研究结论与以往"富人碳排放总是比穷人高"的结论有所出入，这主要是由于能源结构转型在发挥作用，电气化能源的使用会大幅提高能源效率进而降低碳排放，使得能源结构效应胜过总量效应。因此，我们认为改善能源结构将是缓解碳不平等的一个重要手段。

| 第6章 | 中国家庭的低碳认知、低碳态度与低碳行为

在全球变暖的大环境下，中国作为一个有责任担当的大国提出了"双碳"目标，致力于节能减排。相关文献表明，低碳认知可以通过影响低碳态度，进而影响低碳行为。本章对中国居民家庭的低碳认知、低碳态度与低碳行为进行了描述性统计分析，从总体上刻画中国居民家庭的低碳意识；随后运用单因素方差分析法和多重比较检验法着重研究性别、教育水平、收入水平、地理位置等因素对低碳认知、低碳态度与低碳行为的影响，并简要分析了三者之间的相关性；此外还简单分析了不同低碳认知水平的地区的能源消费特点。

6.1 文 献 综 述

随着工业革命的开展，人类活动产生的 CO_2 剧烈增加持续影响着地球环境，引发了全球变暖等一系列影响人类生存的环境问题。为了解决这些环境问题，降低二氧化碳排放量，各国政府开始宣传涉及二氧化碳排放与环境关系的一系列科学知识和经济认识，（这些知识统称作"低碳认知"）（唐丽春等，2015），并提倡居民进行以购买绿色产品和日常生活减少排放为主的"低碳行为"（芈凌云等，2019）。为了更好地在居民中推广低碳行为，学界开始研究低碳认知对低碳行为影响方式，并引入低碳态度等中介变量使低碳认知对居民低碳行为影响的模型更加精确。

6.1.1 低碳认知、低碳行为与低碳态度的概念

早期的研究只笼统地就低碳认知对低碳行为的影响因素进行分析（Moore et al., 1994；Gambro and Switzky, 1999），由于低碳认知存在多种类型，不同类型的低碳认知作用机制不同，因此出现不同研究对低碳认知和低碳行为相关关系研究结果不同，整体认识不全面的问题（Kaiser and Fuhrer, 2003）。

后期的研究开始区分低碳认知的类型，将笼统的低碳认知被分为三种类型，并对每种类型认知对低碳行为的影响效果也作了深入研究。这三种认知分别是涉

及生态环境如何运行的系统知识（Schahn 等，1990），涉及人们可以对环境问题做些什么的行动相关知识（Ernst，1994），涉及人们进行低碳行为有什么益处的有效性知识（Stern and Gardner，1981）。行动相关认识和有效性认识对低碳行为有直接影响，且呈正相关关系。相比之下，系统认识并不能直接影响低碳行为，只通过影响其他两种认识类型来对低碳行为产生中介影响（Frick et al.，2004）。

随着研究的深入，低碳行为被分为两种：一种是通过购买绿色产品来进行节能减排的低碳购买行为，另外一种是通过日常生活中主动减少二氧化碳排放的低碳习惯行为（芈凌云等，2016）。细分低碳行为有助于精确研究低碳认知影响低碳行为过程中的调节因子。

近年的研究中，学界往往引入低碳态度作为低碳认知影响低碳行为的中介变量。低碳态度，又称低碳行为意愿，指的是在低碳认知基础上，个人对客观存在的低碳事物支持与否的一种情感状态及对未来低碳社会的期待程度（吴春梅和张伟，2013）。低碳态度往往直接影响低碳行为（汪兴东和景奉杰，2012）。

在低碳认知、低碳行为、低碳态度三个概念的基础上，学界基本构建了一个"认知—态度—行为"模型来探究低碳认知对低碳行为的影响（吴春梅和张伟，2013），即低碳认知通过影响低碳态度，来影响居民的低碳行为，结果是低碳认知与低碳行为呈正相关关系。

6.1.2 "认知—态度—行为"模型的发展

低碳认知与低碳行为呈正相关关系的研究结果是早期学界大多数人的共识（Abrahamse et al.，2005），并且缺乏相关低碳认知被认为是居民较少进行节能行为的原因（Gyberg et al.，2009；Geppert and Stamminger，2010）。随着研究深入，居民低碳认知和低碳行为失调的现象浮现，拥有足够多的低碳认知的居民可能并不会采取相关低碳行为（Mein et al.，2017；Paco et al.，2017）。

认知失调的原因被分为两种：一是数据获取方法的缺陷，低碳态度分为展现给社会的显性态度和真正决定行为的隐形态度。获取居民低碳态度采用的自我认知方法往往反映的是居民对低碳行为的显性态度，显性态度往往更符合社会的期望。居民对低碳的显性态度常常高于隐形态度，而隐形态度更容易在居民具体施行低碳行为的时候造成影响（Vantomme et al.，2005）。二是调节因素影响了居民的低碳认知，进而影响居民的低碳行为的路径（陈凯和彭茜，2014）。因此，"认知—态度—行为"模型中开始增加其他中介变量和调节变量，以构建更全面的模型，来探知认知失调的原因。

依靠早先建立的"认知—态度—行为"模型（Hungerford，1990），借鉴"动机—能力—机会"模型，考虑了居民进行低碳行为的能力和得以实施低碳行为的机会（Olander et al.，1995），最新形成的是三种类型的低碳认知通过控制低碳能力和低碳意愿两个中介变量，进而影响两种低碳行为的模型。这个模型包含五大调节变量，五大调节变量通过影响低碳能力和低碳态度来调节低碳认知—低碳行为路径（芈凌云等，2019）。

这五大调节变量分别为情景因素影响、人口特征影响、绿色产品因素影响、群体因素影响和习惯因素影响（陈凯和彭茜，2014），这些调节变量通过调节低碳意愿，从而对低碳认知和低碳行为之间的正相关关系有一定程度的影响。

（1）情景因素

鉴于"态度—行为—情景"模型，当情景因素存在时，会影响态度与行为的关系（Stern，2000）。当时间压力大、社会规范基础不足等情景因素存在时，居民挑选绿色产品时可能因为浪费时间而受阻，居民进行绿色出行时可能因为没有合适工具而受阻，导致即使居民有较强的低碳认知，进行低碳行为的频数却较少（陈凯和彭茜，2014）。

（2）人口特征因素

一些人口特征因素，如性别、婚姻状况、个人可支配收入等可以作为对低碳能力因素的预测指标，因此对低碳认知到低碳行为的路径有调节作用（芈凌云等，2019）。

（3）绿色产品因素

绿色产品具有产品价格高 、产品功能有限（Young et al.，2010）、产品不易获得（Padel and Foster，2005）三大特征来影响低碳态度，进而调节了低碳认知—低碳行动的路径。

（4）群体因素

群体因素影响是通过居民的从众心理来对低碳态度进行调节，如果居民身边的重要参照群体，如老师、同学等较认同低碳行为，那么居民采取低碳行为的可能性更大；如果重要参照群体多采用传统消费行为，居民更可能与群体保持一致性，减少低碳行为（陈凯和彭茜，2014）。

（5）习惯因素

习惯因素影响是基于消费者进行重复消费来节约时间精力的理论（Marcc et al.，2002）。居民可能因为习惯购买传统商品和习惯传统出行方式等而减少低碳行为。

在五大因素的调节下，行动知识能直接驱动低碳行为，而系统知识和效力知识只能由低碳意愿或低碳能力对低碳行为起间接作用，且系统知识驱动的低碳意愿更多地影响低碳购买行为，而效力知识驱动的低碳能力则更多地转化为低碳习惯行为（芈凌云等，2019）。

上述已有研究构建了较为完整的低碳认知对居民低碳行为影响的模型。调节因素的归纳为政府解决居民低碳行为认知失调问题提供了思路：促进居民低碳行为，不仅要宣传低碳认知，还要提高居民低碳能力，提升绿色产品质量，构建低碳相关法规，改变高耗能传统习俗，打造整个社会层面亲近"低碳行为"的氛围。

6.2 低碳认知、低碳态度与低碳行为的描述性分析

6.2.1 低碳认知普及调查

本次调查涉及的低碳认知主要包括低碳生活、碳中和、为减碳推出的市场工具三个方面，有 1043 个受访者作答。图 6-1 展示了受访者对低碳认知的了解程度。在低碳认知的三个方面，受访者对低碳生活更为熟悉，有 223 人在"低碳生活了解程度"的问题中选择了"知道低碳含义和具体内容"和"熟悉低碳含义和具体内容"两个选项，在总人数中达 21.38%；受访者最不熟悉的方面是为减碳推出的市场工具，有 61 个人在"对减碳所推出的一些市场工具（如碳市场、碳税、配额制等）了解程度"的问题中选择了"知道市场工具含义和大概内容"和"熟悉市场工具含义和具体内容"两个选项，占总人数的 5.85%。但总体来说，低碳认知在受访者中还不够普及，较为熟悉低碳认知的受访者占比不到总体的三分之一。

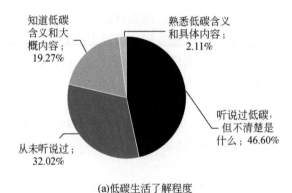

(a)低碳生活了解程度

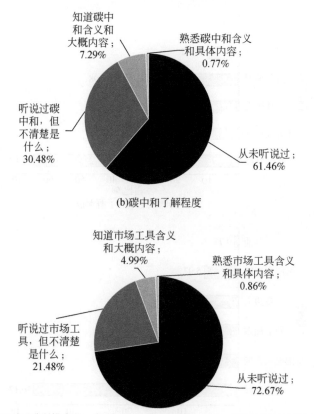

(b)碳中和了解程度

(c)对减碳所推出的一些市场工具(如碳市场、碳税、配额制等)了解程度

图 6-1   受访者对低碳认知的了解程度调查情况

从受访者了解低碳认知的途径来看，大多数人是从新闻联播了解到低碳认知，其占比达 63.19%，从其他电视新闻了解到低碳认知的受访者也较多，从书期刊报纸了解到低碳认知的受访者的占比则相对较小（图 6-2）。总体来说，电视新闻在低碳认知的传播中起到极大作用。

6.2.2   低碳态度调查

本次调查涉及的低碳态度主要体现为"对双碳目标的态度""您认为自己的日常行为会对碳排放量产生影响吗""您愿意用实际行动支持碳中和吗"三个问题，有 1043 个受访者作答。图 6-3 展示了受访者的低碳态度，大多数受访者支

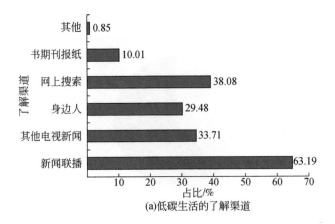

(a)低碳生活的了解渠道

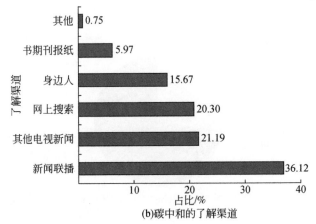

(b)碳中和的了解渠道

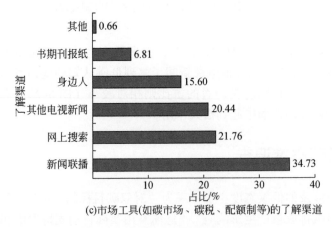

(c)市场工具(如碳市场、碳税、配额制等)的了解渠道

图6-2 受访者了解低碳认知的途径

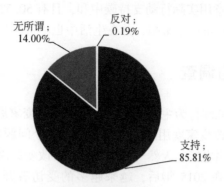

(a)对双碳目标的态度

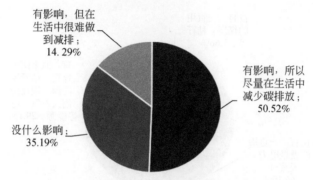

(b)您认为自己的日常行为会对碳排放量产生影响吗

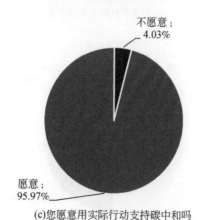

(c)您愿意用实际行动支持碳中和吗

图6-3 受访者的低碳态度调查情况

持"双碳"目标并愿意用实际行动支持碳中和,且有 50.52% 的受访者认为自己的日常行为会对碳排放量产生影响,并在生活中也尽量减少碳排放。

6.2.3 低碳行为调查

本次调查涉及的低碳行为主要围绕"您是否有改变家庭用能""您什么时候改变家庭用能"和"改变家庭用能的主要原因"三个问题展开。如图 6-4 所示,大多数受访者已经使用电能、天然气等清洁能源,改变原因主要是生活质量提高后的自发转变。并且在 2015 年后,越来越多的受访者开始改变家庭用能,超50% 的受访者在 2015 年后选择改变家庭用能。

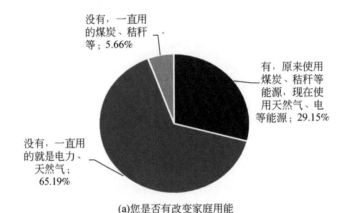

(a)您是否有改变家庭用能

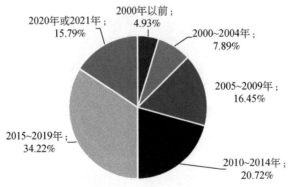

(b)您大概是在什么时候改变的家庭用能

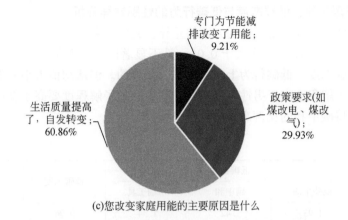

(c)您改变家庭用能的主要原因是什么

图6-4　受访者改变家庭用能的行为及改变时间和原因调查情况

6.3　低碳认知、低碳态度与低碳行为的方差分析与相关性分析

6.3.1　方差分析

　　为进一步研究人口统计特征对低碳认知、低碳态度与低碳行为的影响，本节采用单因素方差分析法和多重比较检验法对低碳认知、低碳态度与低碳行为进行性别、教育程度、收入水平和地理位置的差异分析。单因素方差分析法主要是针对一个因素发生变化时候的分析，而多重比较检验法可以检验多个组别间的均值差异。由于方差分析要求被解释变量为数值型数据，本节将对变量进行一定处理。低碳认知包括低碳生活、碳中和、市场工具三个变量，每个变量的了解程度按从低到高（即"从未听说过""听说过，但不清楚是什么""知道含义和大概内容"和"熟悉含义和具体内容"）赋值为 1～4，取值越高，说明了解程度越高。低碳态度用问卷问题"您愿意用实际行动支持碳中和吗"来衡量，选项"不愿意"赋值为 0，"愿意"赋值为 1，取值越高，说明对碳中和越支持。低碳行为则用问卷问题"您是否有改变主要的家庭用能"来衡量，选项"没有，一直用的煤炭、秸秆等"赋值为 0，"有，原来使用煤炭、秸秆等能源，现在使用天然气、电等能源"赋值为 1，因"没有，一直用的就是电力、天然气"选项不包括在分析范围内，因此低碳行为的分析样本较少。

（1）低碳认知、低碳态度与低碳行为的性别差异分析

表6-1展示了各变量在性别方面的差异，表格中数字为各组别的平均值。除碳中和变量外，检验 P 值均大于0.05，是不显著的，说明男女在低碳认知的了解程度、低碳态度、低碳行为上是没有显著差异的。但从均值大小来看，女性对低碳生活的了解程度高于男性，而男性对碳中和的了解程度要高于女性；女性用实际行动支持碳中和的比例高于男性。

表6-1　性别差异

性别	低碳认知			低碳态度	低碳行为
	低碳生活	碳中和	市场工具		
女	1.93	1.42	1.34	0.96	0.87
男	1.89	1.55	1.34	0.95	0.79
P 值	0.489	0.003	0.994	0.478	0.048

（2）低碳认知、低碳态度与低碳行为的教育程度差异分析

由于教育程度分类较多，本小节展示多重比较检验的结果，即两两组别间的差异显著性，能更加明确支持低碳行动的是哪类人群。如表6-2所示，表内数值为该行组别平均值减该列组别平均值的差，带星号表示在5%的水平上显著。表6-2中（a）项数值均为正值，说明教育程度越高，对低碳生活的了解程度越高。具体来看，高中教育水平人群对低碳生活的了解程度显著高于小学和初中教育水平人群，大专教育水平人群显著高于没有接受过正规教育、小学、初中和高中教育水平人群，本科教育水平人群同样显著高于其他教育水平人群，硕士教育水平人群则显著高于没有接受过正规教育、小学和初中教育水平人群。

关于对碳中和的了解程度，其教育程度差异没有低碳生活的高，且显著差异更体现在较高教育水平上。具体来看，大专教育水平人群对碳中和的了解程度显著高于小学、初中和高中教育水平人群，本科教育水平人群显著高于本科以下的教育水平人群，硕士教育水平人群则显著高于小学和初中教育水平人群 [表6-2（b）]。由此可见，本科教育对于提高公众对碳中和的认知程度有着重要作用。

关于减碳的市场工具了解程度在不同教育水平间的差异进一步减小，更弱于对碳中和的了解程度。具体来看，大专教育水平人群显著高于小学和初中教育水平人群，本科教育水平人群显著高于小学、初中、高中和大专教育水平人群，硕士教育水平人群则显著高于小学、初中和高中教育水平人群 [表6-2（c）]。并且，就具体数值来看，教育程度每高一个水平，对市场工具了解程度的增加要小于碳中和的了解程度，这也从侧面说明，越专业的概念，其普及要更难一些。

表6-2　教育程度多重比较结果

	组别	没有接受过正规教育	小学	初中	高中	大专	本科
(a) 低碳生活	小学	0.09					
	初中	0.31	0.22				
	高中	0.55	0.46*	0.24*			
	大专	0.79*	0.70*	0.48*	0.24*		
	本科	1.08*	0.99*	0.77*	0.53*	0.29*	
	硕士	1.08*	0.99*	0.77*	0.53	0.29	0.00
(b) 碳中和	小学	−0.03					
	初中	0.06	0.08				
	高中	0.24	0.26	0.18			
	大专	0.44	0.46*	0.38*	0.20*		
	本科	0.70*	0.72*	0.64*	0.46*	0.26*	
	硕士	0.88	0.90*	0.82*	0.64	0.44	0.18
(c) 市场工具	小学	−0.05					
	初中	0.05	0.09				
	高中	0.12	0.17	0.07			
	大专	0.23	0.28*	0.18*	0.11		
	本科	0.48	0.53*	0.43*	0.36*	0.25*	
	硕士	0.76	0.81*	0.71*	0.64*	0.53	0.28
(d) 低碳行为	小学	0.39					
	初中	0.32	−0.08				
	高中	0.47	0.08	0.16			
	大专	0.46	0.07	0.15	−0.01		
	本科	0.57*	0.17	0.25*	0.09	0.10	
	硕士	0.60	0.21	0.28	0.13	0.14	0.03

*表示5%水平上显著

　　不同教育程度人群的低碳态度不存在显著差异，因此未列在表格中，且不同组别人群愿意用实际行动支持碳中和的占比基本在95%以上，说明受调查者对碳中和整体持支持态度。

　　低碳行为在教育程度上的差异也很小，仅表现在本科教育水平人群显著高于没有接受过正规教育和初中教育水平人群［表6-2（d）］。此外，教育程度越高，改变家庭用能，做出实际行动的人群占比越高，说明教育在推动碳中和进程有着重要作用。

（3）收入水平越高，对低碳认知的了解程度越高

为研究收入差异对低碳认知、态度与行为的影响，本小节将家庭年收入分为5个组别：低收入组（3万元及以下）、中低收入组（3低碳5万元）、中等收入组（5万元以上至8万元）、中高收入组（8万元以上至10万元）和高收入组（10万元以上）。表6-3（a）~表6-3（d）依次为低碳生活、碳中和、市场工具和低碳行为的收入多重比较结果，表内数值为该行组别平均值减该列组别平均值的差，不同收入组别的低碳态度依然没有显著差异，故不予展示。

表6-3　收入多重比较结果

	组别	低收入组	中低收入组	中等收入组	中高收入组
（a）低碳生活	中低收入组	0.13			
	中等收入组	0.30*	0.17		
	中高收入组	0.32*	0.19	0.02	
	高收入组	0.55*	0.42*	0.25*	0.23*
	组别	低收入组	中低收入组	中等收入组	中高收入组
（b）碳中和	中低收入组	0.04			
	中等收入组	0.17	0.13		
	中高收入组	0.17	0.13	0.01	
	高收入组	0.33*	0.29*	0.17	0.16
	组别	低收入组	中低收入组	中等收入组	中高收入组
（c）市场工具	中低收入组	−0.02			
	中等收入组	0.09	0.10		
	中高收入组	0.09	0.11	0.01	
	高收入组	0.27*	0.29*	0.19*	0.18*
	组别	低收入组	中低收入组	中等收入组	中高收入组
（d）低碳行为	中低收入组	0.16			
	中等收入组	0.28*	0.12		
	中高收入组	0.32*	0.16	0.03	
	高收入组	0.33*	0.17*	0.05	0.02

*表示在5%水平上显著

关于低碳认知的了解程度，其收入差异的特征与教育程度差异类似，收入每上升一个级别，对低碳生活的了解程度增加最多，对市场工具的了解程度增加最少，即随相关概念的难度增加，各组别间的差异变小。具体来看，低碳生活的收入组别差异表现在中等收入组显著高于低收入组，中高收入组显著高于低收入组，高收入组则显著高于其他四个收入组别。碳中和的收入组别差异表现在高收入组显著高于低收入组和中低收入组。市场工具则是高收入组的组别显著高于其他四个收入组别。整体来看，收入越高，对相关低碳认知的认知程度越高，这可能是由于经济条件越好，越有时间和机会关注社会问题，有更好的教育接触更多的知识。低碳态度在不同收入组没有显著差异，各收入组愿意支持碳中和的人数占比同样在95%以上。对于低碳行为，中等收入组显著高于低收入组，中高收入组显著高于低收入组，高收入组显著高于低收入组和中低收入组。收入越高，改变用能行为的占比越高，可能原因是支付得起更高价格的天然气等能源，因此收入也是影响居民参与碳中和的重要因素。

（4）市区居民的低碳认知显著高于农村和县城居民

对于不同变量的地理位置差异，除低碳态度无显著差别外，普遍表现为县城显著高于农村，市区又显著高于县城（表6-4）。对低碳认知来讲，同样表现出低碳生活差距最大，市场工具差异最小的现象。各组别愿意支持碳中和的比例依然占95%以上。

表6-4　地理位置多重比较结果

(a) 低碳生活				(b) 碳中和		
组别	农村	县城		组别	农村	县城
县城	0.23*	—		县城	0.14*	—
市区	0.51*	0.28*		市区	0.31*	0.17*

(c) 市场工具				(d) 低碳行为		
组别	农村	县城		组别	农村	县城
县城	0.08	—		县城	0.19*	—
市区	0.25*	0.17*		市区	0.26*	0.07

*表示在5%水平上显著

6.3.2　低碳认知、低碳态度、低碳行为的相关性

除人口统计特征等因素影响低碳认知、低碳态度、低碳行为外，低碳认知、低碳态度、低碳行为三者之间也存在一定的相关性，低碳认知程度较高的群体会

表现出更支持的低碳态度和做出实际的低碳行为，因此本小节计算低碳认知、态度、行为两两之间卡方检验的 P 值，分析其相关性。

（1）低碳认知水平不同的居民的低碳态度存在差异

低碳认知水平和低碳态度之间的相关性分析如表6-5所示。因低碳态度选取的问卷问题为"是否愿意用实际行动支持碳中和"，因此选择碳中和这一低碳认知进行相关性分析。在从"未听说过碳中和"的被调查者中，有6.08%的居民不愿意用实际行动支持碳中和；在"听说过碳中和，但不清楚是什么"的被调查者中，仅有0.63%的居民不愿意用实际行动支持碳中和；在"知道碳中和含义和大概内容"的被调查者中，有1.32%的居民不愿意用实际行动支持碳中和；而在"熟悉碳中和含义和具体内容"的被调查者中，所有居民都愿意用实际行动支持碳中和。整体来看，居民对低碳认知的了解程度越高，越愿意用实际行动支持低碳。表6-5还展示了卡方检验的 P 值（为0），表明不同低碳认知水平居民的低碳态度确实存在差异。

表6-5　不同低碳认知水平居民的低碳态度　　　　（单位：%）

是否愿意用实际行动支持碳中和	居民对碳中和的了解程度				
	从未听说过	听说过碳中和，但不清楚是什么	知道碳中和含义和大概内容	熟悉碳中和含义和具体内容	Total
不愿意	6.08	0.63	1.32	0	4.03
愿意	93.92	99.37	98.68	100.00	95.97
P 值	0				

（2）低碳认知水平不同的居民的低碳行为存在差异

低碳认知水平和低碳行为的相关性分析表明（表6-6），随着低碳认知水平的提高，改变家庭用能行为（由使用煤炭、秸秆等能源转变为天然气、电等相对清洁的能源）的居民比例也在增加，其中熟悉碳中和含义和具体内容的居民有一半都改变了用能行为，比较而言，从未听说过碳中和的居民只有25%左右改变了家庭用能行为。整体来看，一直使用电力、天然气的居民比例最大，超67%，一直用煤炭、秸秆能源的居民比例最小。卡方检验的 P 值为0.001，表明不同低碳认知水平居民的低碳行为确实存在很大的差异。

表 6-6　不同低碳认知水平居民的低碳行为　　　　（单位：%）

是否有改变主要的家庭用能	居民对碳中和的了解程度				
	从未听说过碳中和	听说过碳中和，但不清楚是什么	知道碳中和含义和大概内容	熟悉碳中和含义和具体内容	Total
有，原来使用煤炭、秸秆等能源，现在使用天然气、电等能源	25.59	35.53	30.26	50.00	29.15
没有，一直用的就是电力、天然气	67.08	62.58	61.85	50.00	65.20
没有，一直用的煤炭、秸秆等	7.33	1.89	7.89	0	5.66
P 值	0.001				

（3）低碳态度不同的居民的低碳行为不存在差异

低碳态度和低碳行为的相关性分析表明（表 6-7），愿意用实际行动支持碳中和的居民改变家庭用能行为的占比比不愿意的居民要高一些，但差距并不大；其他类型的低碳行为也没有表现出明显的差距。卡方检验的 P 值为 0.705，也表明不同低碳态度居民的低碳行为没有很大的差异。

表 6-7　不同低碳态度居民的低碳行为　　　　（单位：%）

是否有改变主要的家庭用能	是否愿意用实际行动支持碳中和		
	不愿意	愿意	Total
有，原来使用煤炭、秸秆等能源，现在使用天然气、电等能源	23.81	29.37	29.15
没有，一直用的就是电力、天然气	69.05	65.03	65.20
没有，一直用的煤炭、秸秆等	7.14	5.59	5.66
P 值	0.705		

（4）不同低碳认知水平省份的能源消费量

为探究低碳认知水平较高的省份的能源消费量对比其他省份是否会较低，我们对低碳认知数值进行了处理，将低碳生活、碳中和、市场工具三个变量的赋值相加，得到整体的低碳认知水平，对全样本数据求平均值。研究发现，低碳认知在平均值以上的省份有浙江省、广东省和河南省，且这三个省份对低碳生活、碳中和及市场工具的了解程度也在相应平均值以上（图 6-5）。

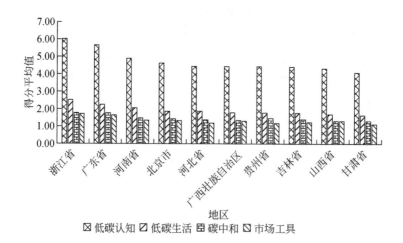

图 6-5 各省份的低碳认知水平

对各省份的能源消费量按用途计算平均值，结果如图 6-6。具体来看，烹饪能耗浙江省最高，其次是河北省和甘肃省，而河南省和广东省则处于中间位置；家用电器能耗广东省和浙江省居前二，河南省则最低；家庭供暖能耗广东省最少，浙江省和河南省也处于靠后位置，这和地理因素有关，南方地区供暖需求较

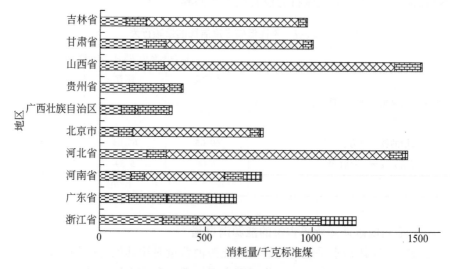

图 6-6 2021 年各省份分用途的平均能源消耗量（千克标准煤/年）

少；热水能耗是浙江省和广东省最多，河南省处于中间位置；对于制冷能耗，排名前三的省份为浙江省、广东省、河南省，这同样与地理位置有关，南方地区夏季制冷需求大，也可能与经济条件有关，生活水平越高，越有能力进行制冷。

通过上述分析发现，低碳认知水平高的省份，其能源消耗量不一定低，很大程度上还是与所处的地理位置、经济水平、生活需求等相关，即使居民有低碳意识，受限于实际条件，其能源消费量可能也会很高。因此，促进减排除了宣传低碳相关知识，提高居民的低碳意识，最主要的还得从能源转型、技术升级等方面降低碳排放。

6.4　本章小结

随着全球变暖和极端天气的频繁出现，低碳发展变得越来越重要，而且我国提出了明确的"双碳"目标，节能减排更是刻不容缓。文献研究表明，低碳认知可以影响低碳态度进而改变低碳行为，因此提高居民的碳意识可以促进碳中和进程。本章主要对居民的低碳认知、低碳态度、低碳行为进行描述性分析，并使用单因素方差分析法和多重比较检验法分析不同性别、教育程度、收入水平、地理位置下居民低碳认知、低碳态度和低碳行为的差异，识别具有较高程度的碳意识的人群特征，此外还简单分析了不同低碳认知水平的省份的能源消费量的特点。结果表明，教育程度越高、收入越高、位于市区的居民在低碳认知、低碳行为方面都表现得更好，因此要加大对低碳认知的普及，提高人民的收入水平，促进居民自发减排。而低碳认知水平高的省份其能源消费量并不低，很大程度上还是取决于当地居民的用能需求和经济条件，所以能源转型和技术进步才是减排的根本。

第 7 章 | 中国居民碳支付意愿

"双碳"目标的提出将把我国的绿色发展之路提升到新的高度,成为我国未来数十年内社会经济发展的主基调之一。联合国环境署《2020 排放差距报告》指出,当前家庭消费温室气体排放量约占全球排放总量的三分之二,加快转变公众生活方式、控制居民消费碳排放已成为减缓气候变化的必然选择,是实现"双碳"目标的持久动力。为此,分析和了解公众的碳支付意愿及其影响因素,以便为碳中和相关政策机制的设计提供客观依据和指导,显得尤为重要和迫切。本章将通过调研数据分析居民对碳减排的支付意愿和受偿意愿。本章将首先对有关支付意愿的文献进行梳理,在现有文献的基础上选择合适的方法估算居民碳减排支付意愿和受偿意愿,并基于不同信息设计场景对居民碳意愿进行分组分析,研究信息设计效应;然后,进一步探究影响居民碳意愿的因素;最后,探索居民碳意愿和居民用能行为的关系。

7.1 文 献 综 述

量化碳排放的边际价值是目前碳减排研究中非常关注的话题,针对这一问题已有国内外学者利用支付意愿(willingness to pay,WTP)和受偿意愿(willingness to accept,WTA)来衡量碳排放的边际价值。WTP 是指消费者为获得产品愿意支付的价格,WTA 则指消费者放弃产品时愿意接受的补偿价格。尽管在理论层面,WTA 与 WTP 应当一致,但在实证研究中两者之间往往存在较大差异,WTA 往往高于 WTP 的价值。学界对于两者之间的差异已有较多的研究与分析,根据 Veisten(2007)总结,大量实证表明,WTA 为 WTP 的 2~10 倍,这一归纳在之后研究中也得到了进一步证实。Fronde 等(2021)调查了 5000 多个德国家庭并将其随机分为两组,得出了两组家庭的供电安全支付意愿(WTP)和他们接受降低安全水平补偿的意愿(WTA),发现 WTA 平均值大大超过了 WTP 平均出价并为 WTP 的 3.56 倍,但是当消费者认为估值情况可能发生时两者之间的差距会有所下降。这种差距来自于多种因素的影响。Robert & Reilly(2015)在期望效用理论下,评估了不确定性对 WTA、WTP 和 WTA-WTP 缺口的理论影响,通过改编彩票案例,研究发现风险会增加 WTA 和 WTP 之间的差距。Flachaire 等

（2013）研究了一所法国大学拒绝周六上课的集体选择问题，分析得出支付意愿和受偿意愿的差距可能是由于人们对于市场机制的不满。Georgantzis 和 Navarro-Martinez（2010）通过试验，分析得出了 WTA 和 WTP 差异背后的心理复杂性，熟悉度和风险规避措施是两者差距的重要来源。由于 WTA 和 WTP 之间的较大差距，且目前居民层面的碳排放支付在我国仍未落地，因此本书中采用 WTP 来研究居民对于碳排放的支付意愿，这更加符合我国当前的现实逻辑。

学术界经常使用陈述偏好法来了解消费者在环境方面的支付意愿。基于调查的陈述偏好法要求个人对假设情景中呈现的商品进行价值评估。陈述偏好法主要包含两种具体方法：选择实验法（CE）和条件价值评估法（CVM）。

条件价值评估法直接向被调查者询问其对享受环境改善及资源保护效益的最大支付意愿（WTP）、或其对忍受环境及资源破坏后果的最低受偿意愿（WTA）。在二分法选择条件估值实验中，将一系列事先设计的价格提供给不同的受访者，在大样本范围内，有可能确定所提供商品的需求曲线。该方法简化了受访者面临的认知任务，并将无回应的数量降至最低。Seung-Hoon 和 So-Yoon（2009）通过 CVM 调查得出了韩国居民绿色电力的支付意愿（WTP），为月平均 1681 韩元（1.8 美元）。Guo 等（2014）通过条件价值二分法估计出北京居民可再生电力的平均 WTP 为每月 2.7~3.3 美元。选择实验法是通过实验设计和实施测量消费者在实际或模拟的市场竞争环境下如何对不同属性等级的产品或服务进行选择。具体地，选择实验即通过选择一组产品属性，设定属性的具体层次并进行组合，此时消费者会根据预算约束选择出能带来最大效用的产品（属性组合），进而选择实验可以模拟出消费者可能选择的产品轮廓。同时，学界也有针对不同碳减排信息设计的 CVM 实验，如 Atsushi 等（2011）研究了碳足迹信息对消费者支付意愿的影响，为消费者提供三种颜色的碳足迹标识，代表高中低三种碳排放水平并注明碳排放数值，贴有高碳排放黑色标签的产品销量占比由 32% 减少至 26%，低碳绿色标签销量占比由 53% 上升到 57%，说明消费者有选择低碳商品的倾向。Chen 等（2016）区分有无标注碳排放信息、标注不同碳排放量的纯净水，并进行 CVM 实验，得出结论：添加了碳排放信息的产品，WTP 会显著增加，而当产品的碳排放量增加时，WTP 会降低。Canavari 和 Coderoni（2020）让参与者选择两种标注不同碳排放量的乳制品，结果表明只有 24% 的总样本不愿为低碳乳制品付出更多的费用，低碳牛奶的 WTP 平均溢价为 9%，最大达到了 50%。由以上文献可知，不同碳信息会影响消费者碳支付意愿，进而影响其减排行为。

选择实验法主要是在实验中测量消费者在实际或模拟的市场竞争环境下如何在不同产品或服务中进行选择。Holm 等（2015）调查了消费者在乘用车运输中对减排的偏好，通过对 1471 名代表打算买车的荷兰成年人的样本进行选择实验，估计乘用车购买者为减少二氧化碳排放而支付费用的意愿，得出为减排支付费用的平均意愿为每吨 199 欧元，大多数人愿意为两种选定的混合动力车型支付高于当前市场溢价的费用。Raffaelli 等（2022）使用直接和间接的问题进行了两个离散选择实验，研究了意大利的白云石地区旅游者对交通和酒店住宿脱碳策略的偏好和支付意愿（WTP），得出消费者对使用产生较低碳排放量的电动火车，以及抵消与游客入住酒店相关的碳排放的支付意愿为零。Hammerle 等（2021）研究使用离散选择实验来量化通过更高的电费支付碳税的意愿，从两个方面调查了澳大利亚公众对碳税的支持，结果表明为低收入家庭提供财政支持具有更高的效用。与 CVM 相比，CE 的主要优势在于，可以获得每个属性的隐含价值，以及不同组合的边际价值，而 CVM 仅产生商品的整体价值；但是，CE 有其自身的局限性，会使得被调查者的认知负担增加（Mackerror et al.，2009）。被调查者可能对所呈现的情景感到复杂和陌生，却又必须做出大量与之相关的决策。由于家庭能源调查中涉及的样本量大，且被调查者背景复杂，因此本书选择条件价值评估法来研究居民碳支付意愿，降低受访者认知难度，以获取更多有效数据。

在碳减排过程中，居民对碳减排的支付意愿可能受到多种因素的影响。刘文龙和吉蓉蓉（2019）通过发放 205 份问卷得出低碳认知、节约能源行为和处理废弃物行为对低碳消费购买意愿和推荐意愿有着显著的正向影响，碳危机意识表现出边缘显著影响。齐绍洲等（2019）通过不同行业的 1433 份问卷得出学历与碳排放支付意愿呈反向变动，而月收入及人际影响对碳排放支付意愿起正向作用。Long 等（2021）通过对 1177 位美国人的调查，研究得出具有高度环保意识的人更愿意为降低碳排放支付更多的费用，面向未来的个人往往比面向现在的个人愿意为农业碳减排项目支付更多的费用。Martin（2012）通过对 600 名德国汽车消费者的访谈，发现女性愿意比男性多花 2000 欧元购买低排放汽车，并且受过良好教育的人更愿意为环境保护做出贡献。Daan 和 Machiel（2020）也有相似的结论，通过量化荷兰成年人对于购买乘用车的减排支付意愿，发现支付意愿在性别、年龄和教育方面存在差异，但在收入和汽车市场方面没有差异，其中女性和高等教育群体的 WTP 显著较高。Wenliang（2021）通过研究中国大学生对航空旅行减排支付意愿，发现碳减排支付意愿与环境关注程度和对碳抵消/减排项目的信任度呈正相关。刘骏（2016）通过研究上海居民对于绿色电力的支付意愿，发现居民居住年限也会影响环保层面的支付意愿，居住年限更长的居民有着更高的支付意愿。总结以上研究，消费者的碳支付意愿往往与收入、受教育程度、居住年限及对环境的关注度呈现正相关，女性支付意愿高于男性。

目前已经有多种成熟的理论解释个人意愿的影响因素的作用机制。计划行为理论（theory of planned behavior，TPB）是 Ajzen 基于理性行为理论（theory of reasoned action，TRA），在影响个人的行为意向因素中添加知觉行为控制因素而得出的。理性行为理论认为，行为态度和主观规范会通过影响行为意向间接地影响实际行为。但是事实表明，由于环境限制，行为意向并不总是会引起行为，一些非动机因素会促进或阻碍行为的发生，因此，将知觉行为控制引入理性行为理论中能够更好地解释人类行为的一般决策过程（Ajzen，2001）。高键（2018）以计划行为理论为框架，分析三个因素对绿色感知价值的影响作用，研究结果表明，知觉行为控制能够显著地正向影响绿色价值感知。计划行为理论被广泛用于消费者行为意愿的研究，学界在应用 TPB 模型研究时也针对研究内容对模型进行了丰富与扩展。Olson（2019）在 Ajzen 的计划行为理论中添加了环境关注、环境感知和感知消费者有效性三个因素，解释影响绿色购买行为的因素及这些因素之间的关系，帮助理解绿色购买行为和扩展 TPB 模型，结果表明，感知消费者有效性是对绿色购买行为影响最大的因素。在探求居民碳支付意愿的研究中，居民的碳认知、低碳态度将通过态度影响居民的行为意向，人际关系将作为主观规范影响居民的行为意向最终作用于实际行为。

规范激活理论是由 Schwartz 在 1977 年提出的理论，该理论主要由三个变量组成：个体规范、结果意识和责任归属。个体规范是影响利他行为最直接的因素，而个体规范受结果意识和责任归属的影响。张晓杰等（2016）归纳得出规范激活理论的易操作性、开放性和包容性使其适用于解释、预测和干预中国公众的环保行为。吕荣胜等（2016）发现个人规范和自我效能对节能行为有显著影响，节能的个人规范和自我效能越高，越易促使人们施行节能行为；不节能危害后果认知、责任归结和自我效能对个人规范有显著的正向影响。在探求居民碳支付意愿的研究中，道德责任作为责任归属，对环境和子孙后代的关注及对灾害的恐惧作为结果意识，两者共同作用，影响个体行为规范，作用于居民的碳支付意愿。

目前学术界对于碳支付意愿的研究集中在对于高碳和低碳及是否标注碳排放信息产品的选择上，而对于不同的碳信息表达方式尚无深入研究。本章在研究碳信息支付意愿时，设计了不同的碳信息表述方式，给参与者提供数字、环境与碳排放的关系，以及个人与碳排放的关系三种表述方式，并进一步探求了三种表述方式对消费者支付意愿的影响。

本章将在以上研究的基础上，紧扣"双碳"目标，运用条件价值评估法分别对碳支付意愿和碳受偿意愿进行考察。在居民碳减排意愿的影响因素问题方面，本章在考虑性别、年龄、教育程度、家庭收入水平等个人和家庭特征的基础上，同时结合计划行为理论及规范激活理论进行分析。

7.2　居民碳支付意愿的估算

根据标准的经济学理论模型，所有能带来效用的物品之间都存在一定程度的替代，其他条件相同，一个理性决策者为得到一件物品的支付意愿（WTP）应该与其放弃该物品所需要的补偿（WTA）大致相等（Willig, 1976）。但是，大量的实证研究认为基于 WTA 的计算会远大于基于 WTP 的计算。本调查同时设计了 WTP 和 WTA，以便了解我国居民的碳减排意愿。本节将首先介绍碳支付意愿（受偿意愿）问卷调查中所采取的引导技术和实现流程，再介绍平均支付意愿和平均受偿意愿计算方法。

7.2.1　价值评价场景设计

场景设计是 CVM 问卷设计的核心。而信息设计中，尤其是对受访者不熟悉的公共物品或服务的价值评价研究中，信息内容和呈现方式对估计结果的影响一直是研究者关注的问题。本书在设计支付意愿问题时，为考虑信息效应，针对同样的碳减排目标（家庭年均碳排放减少 1 吨），设计了三个版本问卷，对受访者随机进行信息干预，研究不同信息设计对居民 WTP 反应的影响。三种信息设计场景对受访者随机分配。第一组为参照组，只为受访者提供最基本的信息；第二组在参照组信息设计基础上，为受访者提供碳排放对生态环境影响的信息；第三组则提供了更全面的信息，在基础信息基础上增加了碳排放生态环境影响和人类社会影响的描述。具体来说，对于第一组，受访者被询问，"在家庭年均碳排放减少 1 吨的情况下，您可以接受家庭的生活开支最多上升多少？"。对于其余两组，我们事先给出关于居民不减少碳排放可能带来的消极后果和代价的文字及图片信息，在受访者消化该信息后再询问其上述问题。对于第二组，受访者被询问，"如果不减少碳排放的话，会对生态环境和物种造成严重的影响，如冰山融化、北极熊灭绝等。在家庭年均碳排放减少 1 吨的情况下，您可以接受家庭的生活开支最多上升多少？"。对于第三组，受访者被询问，"如果不减少碳排放的话，会对生态环境和物种造成严重的影响，如冰山融化、北极熊灭绝等。同时，干旱、洪水、沙尘暴等直接影响人类活动的灾害会频发，且高温会使得病毒、细菌、寄生虫、敏感原更活跃，损害人的精神、人体免疫力和疾病抵抗力。在家庭年均碳排放减少 1 吨的情况下，您可以接受家庭的生活开支最多上升多少？"。在设计受偿意愿问题时，针对年均碳减排 1 吨的目标，设计了不同的目标实现方式，如改变交通出行方式，调高空调制冷时的温度设定等。具体来说，在前者的实现路径下，受访者被要求回答，"如果希望一年减少 1 吨碳排放，需要您每周7 天中有 2 天更改原本的汽车出行计划，转而乘坐公共交通出行，此时需要给您多少补偿您才会接受这项提议"；在后者的实现路径下，价值问题设计为，"如果希望一年减少 1 吨碳排放，需要您少用 1000 千瓦电，相当于您每天在使用 1.5匹机的空调制冷时需要在原本习惯温度的基础上调高 1 摄氏度左右，此时需要给您多少补偿您才会接受这项提议"。

合理的引导技术（elicitation technique）是 CVM 场景设计中需要考虑的最核心的问题之一。CVM 发展过程中学者探讨使用的主要引导技术包括投标博弈、开放式、支付卡式、封闭式（包括单边界二分式、双边界二分式、三边界二分式、多边界离散选择式等）等。其中，支付卡式价值引导技术最初由 Mitchell 和Carson（1984）引入，其包含了被评价物品 WTP 值的一个区间，研究者基于资料分析和前期调查结果事先拟定若干个支付意愿/受偿意愿的投标值，受访者被要求从中勾选出其最大支付意愿数值。相对于开放式，支付卡式可以降低受访者的认知压力，该价值引导技术已被广泛应用于既有的 CVM 研究（Blaine，et al.，2005；Mataria et al.，2007；Ferreira and Marques，2015）。本节将运用支付卡式引导技术调查受访者的碳支付意愿和受偿意愿，并在此基础上进一步计算得到居民平均支付意愿和平均受偿意愿。在文献阅读、专家咨询及对居民预调查的基础上，本次调查设定的支付意愿和受偿意愿场景均设计了 7 个投标值供受访者选择：0 元/月、10 元/月、25 元/月、50 元/月、75 元/月、100 元/月和超过 100元/月。

7.2.2　估算方法

7.2.2.1　Ordered Probit WTP/WTA

根据上述问卷询问结果，可以构建受访者碳减排支付意愿和受偿意愿回归方程，利用回归结果中的参数值估算受访者平均支付意愿和平均受偿意愿，并对影响支付意愿和受偿意愿大小的相关因素进行分析。鉴于支付卡式引导技术下所获得的支付意愿和受偿意愿是有序多分类变量，因此采用有序离散选择模型（Ordered Probit）进行回归，模型设计如式（7-1）所示：

$$Y_i = F(Y_i^*) = F\left(\alpha_0 + \sum_{j=1}^{J} \beta_j X_{ji} + \varepsilon_i\right) \tag{7-1}$$

式中，Y_i 为 7 个分类的虚拟变量，表示受访者 i 的回答结果；X_{ji} 表示影响受访者 i支付意愿的第 j 个因素，如受访者家庭年收入状况、教育水平、对双碳政策的认知程度等；α_0为截距项，β_j为回归系数，ε_i为随机扰动项，F（·）是非线性函数。Y_i^*是Y_i的背后存在不可观测的连续变量，称为潜变量，满足：

$$Y_i = \begin{cases} 1 & Y_i^* \leqslant \mu_1 \\ 2 & \mu_1 \leqslant Y_i^* \leqslant \mu_2 \\ 3 & \mu_2 \leqslant Y_i^* \leqslant \mu_3 \\ 4 & \mu_3 \leqslant Y_i^* \leqslant \mu_4 \\ 5 & \mu_4 \leqslant Y_i^* \leqslant \mu_5 \\ 6 & \mu_5 \leqslant Y_i^* \leqslant \mu_6 \\ 7 & Y_i^* > \mu_6 \end{cases} \tag{7-2}$$

式中，μ_1，μ_2，$\cdots$，μ_6称为切点，均为待估参数。

根据回归结果，可求出支付意愿的均值，如式（7-3）所示：

$$\text{Ordered Probit Regression WTP(OP-WTP)} = \frac{\sum_{i=0}^{n}(A_i \times P_i)}{\sum_{i=0}^{n}P_i} \tag{7-3}$$

式中，A_i代表第 i 个受访者所选择的意愿投标值；P_i表示从有序离散选择模型中估计得到的概率值。平均受偿意愿的计算原理与方法与平均支付意愿相同：

$$\text{Ordered Probit Regression WTA(OP-WTA)} = \frac{\sum_{i=0}^{n}(A_i \times P_i)}{\sum_{i=0}^{n}P_i} \tag{7-4}$$

7.2.2.2　Maximal Legal WTP/WTA

在问卷中，询问了受访者为减少碳排放，最多可接受家庭支出增加多少。根据各个投标值及它们各自的频率，就可以计算出平均支付意愿，如式（7-5）所示：

$$\text{Maximal Legal WTP(ML-WTP)} = \sum_{k=1}^{n}A_k \times F_k \tag{7-5}$$

式中，A_k表示第 k 个投标值具体数额，F_k表示受访者中选择A_k的频率，n 是 CVM 问题下所提供的投标数量，在本案例中 $n=7$。

类似地，平均受偿意愿计算公式为：

$$\text{Maximal Legal WTA(ML-WTA)} = \sum_{k=1}^{n}A_k \times F_k \tag{7-6}$$

7.2.2.3 Interval Midpoint WTP/WTA

IM-WTP 方法假设居民的支付意愿分布在某个数值区间，因此受访者支付意愿的真实值在其选择的数值和上一个较低的数值范围之间（Cameron and Huppert，1989），具体公式如式（7-7）所示。

$$\text{Interval Midpoint WTP}(\text{IM-WTP}) = \sum_{k=2}^{n} \frac{A_k + A_{k-1}}{2} \times F_k + \frac{A_1 + A_L}{2} \times F_1 \quad (7\text{-}7)$$

式中，A_k 表示第 k 个投标值具体数额，F_k 表示选择 A_k 的频率，n 是 CVM 问题下所提供的投标数量，在本案例中 $n=7$。A_1 表示最小的支付意愿投标值，即 0 元/月；A_L 表示下限值，同样是 0 元/月；F_1 表示投标值为 0 元所对应的频率。

由于在支付卡式价值引导技术中受访者被要求在提供的选项中勾选出最低受偿意愿，因此在 IM-WTA 方法下受访者受偿意愿的真实值在其选择的数值和下一个较高的数值范围之间，平均受偿意愿计算公式为：

$$\text{Interval Midpoint WTA}(\text{IM-WTA}) = \sum_{k=1}^{n} \frac{A_k + A_{k+1}}{2} \times F_k + \frac{A_n + A_U}{2} \times F_n$$

$$(7\text{-}8)$$

式中，A_k 表示第 k 个投标值具体数额，F_k 表示选择 A_k 的频率，n 是 CVM 问题下所提供的投标数量，在本案例中 $n=7$。A_n 表示最大的受偿意愿投标值，即超过 100 元/月；A_U 表示上限值，同样是超过 100 元/月；F_n 表示最大投标值所对应的频率。

7.3　居民碳支付意愿分析

本节将首先对受访者意愿调查结果进行描述性统计分析，在此基础上根据 7.2 节所述方法计算居民平均碳减排支付意愿和平均受偿意愿。对于支付意愿的计算，基于三个版本的信息干预，按照受访者信息获取情况划分组别，探讨信息干预对居民碳支付意愿的影响。最后，分别分析居民碳支付意愿和受偿意愿的影响因素。

7.3.1　碳支付意愿

7.3.1.1　描述性统计

在各个投标值上，受访者中表示为家庭年均碳减排减少 1 吨愿意接受相应数额的最高生活成本上升的频率分布如图 7-1 所示。总体上看，随着投标值的上升，受访者愿意为碳减排进行支付的可能性下降。在 1043 个有效样本中，超四分之一的受访者不愿意为碳减排支付费用；24.45% 的受访者愿意每月支付 10 元；16.59% 的受访者愿意每月支付 50 元，约 11% 的居民愿意每月支付 100 元。

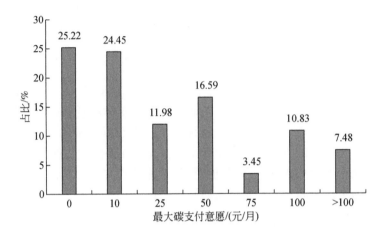

图 7-1　全样本碳支付意愿频率分布情况

基于三种信息场景设计对受访者进行随机分配，三组分别回收有效问卷 338 份、254 份和 451 份。如图 7-2 所示，三组受访者在各个投标值上的愿意支付的频率近似，信息设计并没有显著影响受访者的 WTP。总体上看，随着投标值的上升，愿意支付的频率分布总体呈下降趋势。每月支付 0 元和 10 元形成了两个高频率支付意愿，每月 50 元形成次级峰值。具体来看，约 25% 的受访者不愿意承担碳减排导致的生活开支的上升，支付意愿为 0 元/月。约 25% 的受访者最多能够接受每月生活开支上升 10 元；10%～15% 的家庭可接受每月多支付 25 元；15%～20% 的家庭可接受每月多支付 50 元；三组中每月愿意支付 75 元的家庭所占比例均低于 5%；仅约有 7% 的家庭愿意为实现碳减排每月承担超过 100 元的生活成本上升。

三组受访者的碳支付意愿水平仍有不同之处。第二组居民对于每月 10～50 元的接受度高于第一组和第三组，而在更高的支付水平上所占比例低于另两组。相比于第三组，第一组接受每月支付 0 和 10 元的比例更高，而对每月支付 25 元、50 元、100 元的接受度更低。

对于投标值为 0 元/月的家庭，我们询问了其不愿为碳减排进行支付的原因。根据调查结果，最主要的限制原因是家庭收入，在这部分受访者中超 60% 的家庭其收入无法负担额外的碳减排开支；其次是对问卷中碳减排目标实现可能性的质疑，受访者不确定对其支付是否真的能够减少碳排放，即抗议性支付者，三个

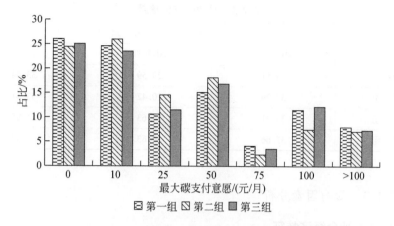

图 7-2   不同信息干预下碳支付意愿分布情况

组别选择该原因的家庭所占比例分别为 30.68%、32.26% 和 26.55%；再次是受访者主观认为全球变暖对自身和家庭没有造成影响，不必为其支付，三个组别选择该原因的比例分别为 20.45%、14.52% 和 14.16%。另外，还有少数受访者认为减少碳排放对改善气候问题并没有帮助，三个组别选择该原因的比例分别是 15.91%、9.68% 和 12.39%[①]。

7.3.1.2   平均支付意愿计算

根据 7.2 节所述的计算方法，计算了居民的全样本和分组平均碳减排支付意愿，具体结果如表 7-1 所示。整体来看，全样本平均支付意愿为 29.59～36.51 元/月。分组来看，第一组平均支付意愿在 30.42～37.29 元/月，第二组在 26.63～33.41 元/月，第三组在 30.63～37.66 元/月之间。分组进行均值 t-test 检验后，发现第一组与第二组、第三组的均值不存在显著差异，第二组与第三组的均值在 10% 的水平上存在显著差异，第三组均值显著高于第二组均值。这说明相对于生态环境和物种多样性等生态环境影响，居民对于有关切身利益的自然灾害和健康影响更为关注。居民的环境责任意识对其碳减排支付意愿的驱动作用较弱，对于自然灾害和病毒传播的恐惧心理起到重要的作用，当居民得知不进行碳减排将引起灾害频发、损害自身和家人健康等不利后果时，其对于碳减排的意愿增强，倾向于每月承担更高的生活支出。

---

① 调查问卷中该问题采取多选形式，故百分比加总后大于 100%。

表7-1　平均碳支付意愿

组别	碳支付意愿均值/（元/月）		
	ML-WTP	IM-WTP	OP-WTP
全样本	36.51	29.59	33.44
第一组	37.29	30.42	33.41
第二组	33.41	26.63	31.85
第三组	37.66	30.63	34.44

7.3.1.3　影响因素分析

(1) 个人社会经济特征

个人及家庭特征的差异将形成不同的个体偏好，这影响着居民对碳减排的支付意愿水平。居民碳支付意愿在不同性别存在差异，图 7-3 展示了不同性别居民在各投标值水平上碳支付意愿分布情况，可以看出，相比于男性，女性为碳减排愿意支付 10 元/月或超过 100 元/月的比例更高，愿意每月支付 25 元、50 元、75 元、100 元的比例较低。从平均支付意愿来看，男性支付意愿均值为 36.91 元/月，女性支付意愿均值为 36.23 元/月。

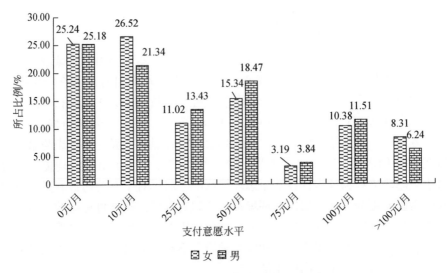

图 7-3　不同性别居民碳支付意愿分布情况

从年龄来看，如图 7-4 所示，支付意愿水平与年龄整体呈现倒 U 型关系，支付意愿随着年龄增长先增加后下降。老年受访者对于碳减排的额外支付金额最低。一方面，老年人对于"低碳"可能欠缺了解；另一方面，老年人受到环境改善的正外部性效用时间相较于年轻人和中年人更短，因此其支付意愿不高。

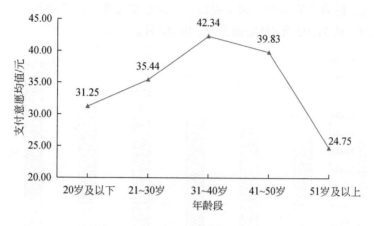

图 7-4　不同年龄段人群的支付意愿

受教育程度较高的人群对于低碳政策可能有更为深刻清晰的理解，更愿意为碳减排额外支付费用。图 7-5 展示了不同教育水平下居民的碳支付意愿均值，可以看出，受教育水平越高，居民支付意愿越高。小学学历人群的支付意愿平均为每月 21.47 元，本科及以上学历人群的支付意愿均值为每月 43.10 元。分组来看，两者整体上仍呈现支付意愿随受教育水平提高而增加的趋势。

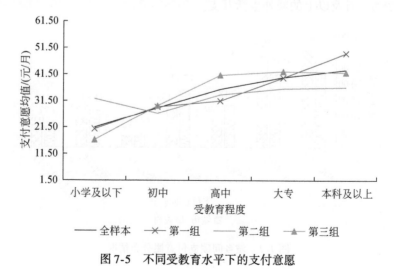

图 7-5　不同受教育水平下的支付意愿

高收入群体更加关注环境和自身健康，碳减排对其带来的效用更高，因此其支付意愿水平也更高。如图 7-6 所示，将所有受访家庭按照收入水平由低到高分为 6 个等级，随着家庭的收入水平提高，家庭愿意为碳减排活动而额外支付的金额也在增加，从 31.02 元/月增加至 45.40 元/月。

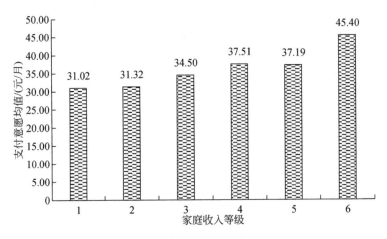

图 7-6　不同收入水平下的支付意愿

如图 7-7 所示，城乡居民碳减排支付意愿差异明显，相比于城市，农村居民愿意支付的金额较低，主要集中在 0 元/月和 10 元/月。城市居民更愿意为碳减排承担 25 元/月及以上的额外生活开支。

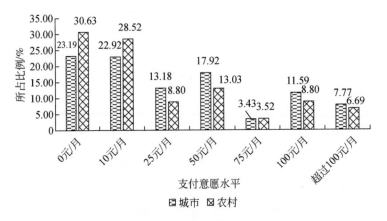

图 7-7　城乡间碳支付意愿分布情况

（2）气候变化认知

居民愿意为碳减排额外支付的金额多少与其对全球气候变暖的了解和认知程度相关。对全球气候变暖完全不了解的居民的平均支付意愿最低，为 27.06 元/月；听说过全球气候变暖，但质疑其真实性的居民的平均支付意愿为 37.17 元/月；听说过全球变暖，且认为全球变暖真实存在的居民的平均支付意愿为 40.53元/月（图 7-8）。总的来说，居民气候变化知识掌握程度越高，其愿意为碳减排支付也更多。

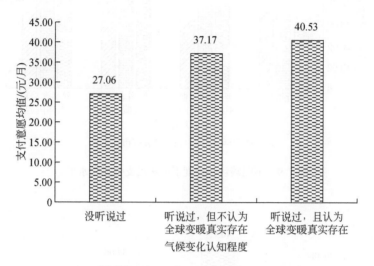

图 7-8　不同气候变化认知程度下的居民支付意愿水平

（3）低碳认知

图 7-9 描绘了对于低碳生活、碳中和、减碳市场工具的不同认知程度间的居民平均支付意愿。可以看出，居民支付意愿水平在较大程度上与居民对于碳知识的掌握程度相关。在三个低碳认知方面，居民支付意愿水平随着对低碳认知的深入而提高。

（4）低碳态度

受访者对于双碳目标的看法和态度很大程度上影响其碳减排支付意愿水平。支持双碳目标的受访者愿意每月多支付 38.35 元以支持碳减排，对于"双碳"目标持无所谓态度的受访者愿意每月多支付 25.31 元。

在"双碳"目标是否能够实现方面，认为两个目标都能实现和都不能实现的居民的平均支付意愿均较低，分别为 36.48 元/月和 30.65 元/月。可能的原因是在如此情况下，居民自身额外为碳减排而支付的金额并不能发挥较大的作用。如果居民认为"双碳"目标之一能够实现，另一个实现较难，居民可能有更强的激励和自我驱动，通过个人的额外付出以减少碳排放。其中，认为碳达峰目标较难实现，碳中和目标容易实现的居民愿意多支付 40.75 元/月；认为碳达峰目标较容易实现，碳中和目标较难实现的居民愿意多支付 37.06 元/月（图 7-10）。

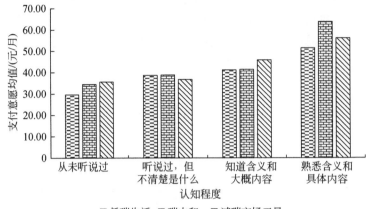

图 7-9　不同碳认知程度下的居民支付意愿水平

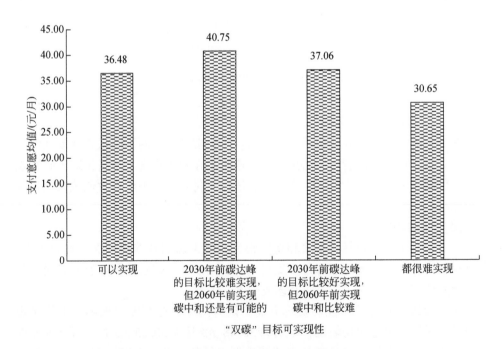

图 7-10　"双碳"目标可实现性与居民支付意愿水平

受访者是否认为其日常行为对于碳排放量造成影响在一定程度上影响其碳支付意愿。如图 7-11 所示，没有意识到自身行为对于碳排放有影响时，其支付意愿为 28.00 元/月；当居民意识到这一影响但发现减排行为很难实现时，其支付意愿为 34.50 元/月；当居民意识到这一影响并将付诸行动时，其支付意愿为 43.00 元/月。这一现象与规范激活理论的环境责任和结果意识有一定的联系，当个体对于未实施低碳行为，而给他人或者其他实物造成不良后果的感知越强烈，个体对于结果的责任感越强，个体就越可能激活个体规范，并为获得碳减排所带来的自我满足，而选择承担更高的支付意愿。

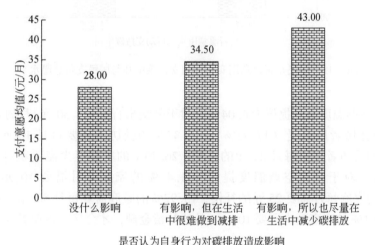

图 7-11　不同低碳态度下的居民支付意愿水平

在是否愿意以实际行动支持碳中和方面，选择愿意的居民的平均支付意愿更高，为 36.89 元/月；选择不愿意的居民的平均支付意愿较低，为 27.38 元/月（图 7-12）。

7.3.2　碳受偿意愿

7.3.2.1　描述性统计

在减少开车出行和调低空调温度两个场景下，有效样本量均为 1043 个。整体来看，受访者在两种场景下对各个投标值的接受程度较为一致（图 7-13）。近三成的受访者愿意自己承担公交出行或者空调调高 1 摄氏度的不便，不需要任何补偿金额。选择 75 元/月的补偿方案的家庭所占比例最少，公交出行提议为

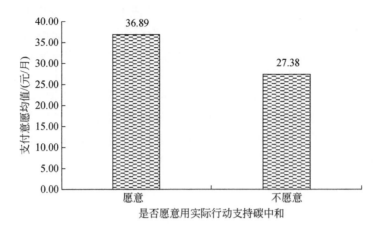

图 7-12　居民是否愿意用实际行动支持碳中和与居民支付意愿水平

4.03%，空调温度调高提议为6.04%。对于公交出行提议，50元/月的补偿为相对较多的受访者所接受（17.93%），12.37%的受访者需要每月10元的补偿，10.35%的受访者需要每月25元的补偿，26.46%的家庭至少需要获得每月100元的补偿。对于调高空调温度提议，11.41%的家庭每月需要10元的补偿，10.83%的家庭每月需要25元的补偿，15.92%的家庭需要每月50元的补偿，另还有27.61%的家庭至少需要100元/月的补偿金额，才会接受该项提议。

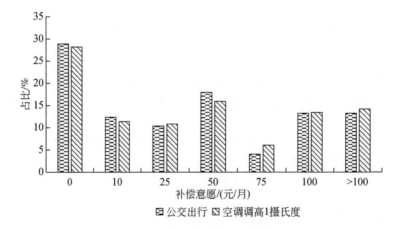

图 7-13　碳受偿意愿分布情况

7.3.2.2 平均受偿意愿计算

如表 7-2 所示，在平均受偿意愿方面，居民对于通过减少用车以推动实现碳减排目标的受偿意愿均值在每月 38.13 ~ 45.58 元；对于通过减少用电以实现碳减排目标的受偿意愿均值在每月 39.92 ~ 47.50 元。可见，两种不同的碳减排方式下，居民的受偿意愿非常接近。上文我们计算得出平均支付意愿在每月 29 ~ 37 元，因此两种平均碳受偿意愿均高于平均支付意愿。

表 7-2 平均碳受偿意愿

组别	碳受偿意愿均值/（元/月）		
	ML-WTP	IM-WTP	OP-WTP
减少用车	45.58	38.13	43.87
减少用电	47.50	39.92	44.77

7.3.2.3 影响因素分析

对于碳受偿意愿，我们发现，碳认知仍然是主要影响因素。如图 7-14 所示，整体来看，居民对于低碳生活、碳中和和减碳市场工具三个方面的认知程度越高，其在减少用电方面对于补偿金额的意愿越低。

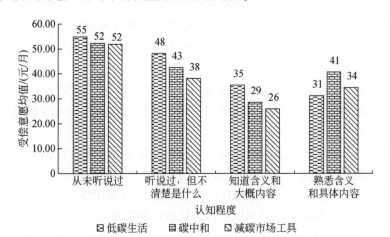

图 7-14 不同碳认知程度下的居民受偿意愿水平

在居民认知中，全球气候变暖对居民及其后代生活的影响越大，居民对于减少用车和用电的受偿意愿将越低，具体如图 7-15 所示。这与 Choi 和 Ritchie

（2014）的研究结果一致，居民对子孙后代的关注和对灾害的恐惧等因素对其支付意愿有一定的影响。

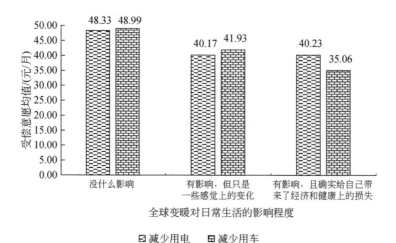

图 7-15　气候变化认知程度与居民受偿意愿水平

7.4　碳支付意愿/受偿意愿与能源消费行为

本节旨在研究碳支付意愿/受偿意愿与能源消费行为的关系，具体包括能源消费总量、能源消费结构、家用电器使用时长和习惯、日常出行习惯等。

2021 年，我国居民家庭平均用能（不含交通）为 877 千克标准煤。在不同碳支付意愿下，家庭平均总能耗基本相同。如图 7-16 所示，愿意为碳减排接受额外生活开支的家庭在烹饪、家用电器、热水和制冷方面平均用能较低，而在供热和交通方面平均用能较高。

在减少用电的情境下，我们统计了不同碳受偿意愿水平下家庭能源使用结构情况。结果显示，对需要补偿的家庭，电力使用占家庭能源消耗总量的比例更高，平均为 73.76%；而对不需要补偿的家庭，电力占比平均为 72.90%。从不同补偿金额来看，整体上家庭用电量所占能源消耗总量的比例越高，减少用电而需要的补偿金额越高，具体如图 7-17 所示。相比于以煤炭、秸秆等传统能源作为主要使用能源类型的家庭，以电力作为日常生活主要使用能源的家庭，减少用电所带来的生活上的不便较多，因此不太愿意通过减少用电总量来减少碳排放，所需要的补偿金额也较高。

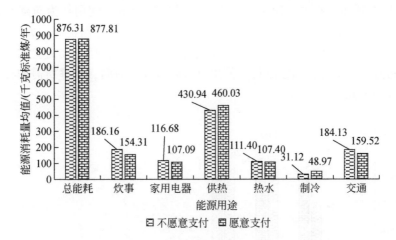

图 7-16　不同碳支付意愿下家庭能源消耗量均值情况

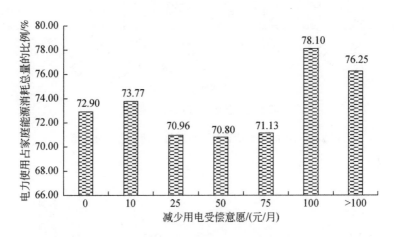

图 7-17　不同碳受偿意愿下家庭电力消费所占比例

　　在减少用电的情境下，我们发现需要提供补偿的受访者所在家庭在日常使用空调时所设定的温度较低，平均温度为 24.39 摄氏度；而不需要补偿的家庭日常空调温度平均为 25.20 摄氏度。在空调使用过程中将温度设置在较低水平的居民对室内温度更为敏感，因此需要更高的补偿金额，才会接受调高空调温度的提议。为了进一步地研究居民在减少用电情境下所需补偿金额与空调使用行为的关系，我们排除不需要补偿金额的受访者，将剩下的受访者按照是否高于受偿意愿均值分为两组，对两组进行对比分析。对于高受偿意愿组家庭来说，71.51% 的家庭每天空调使用时长超过 4 小时；而低受偿意愿组中这一比例为 65.98%，具体如图 7-18 所示。在电灯使用行为方面，我们发现电灯使用行为与碳受偿意愿整体呈现出受偿意愿水平随着家庭电灯每天使用时长增加而提高。如图 7-19 所示，当家庭每天使用电灯在 1 小时及以内时，家庭为减少用电而需要的补偿金额平均为每月 30.21 元；当家庭每天使用电灯超过 8 小时时，家庭所需的补偿金额平均为 67.95 元。

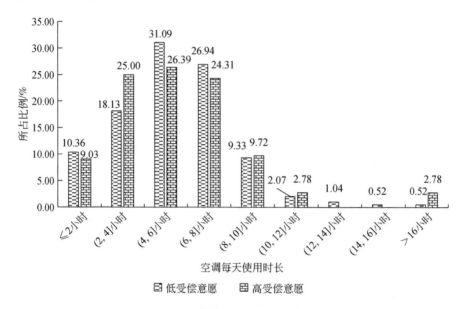

图 7-18 不同碳受偿意愿下空调每天使用时长分布情况

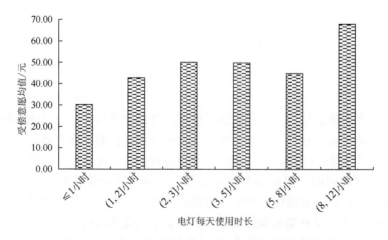

图 7-19 不同电灯每天使用时长下的平均受偿意愿

在减少开车情境下，平时常选择乘坐地铁、公交车的居民，开私家车出行的日常需求相对较低，因此要求其减少开车时所需的补偿金额较小。据统计，在减少开车出行情境下，不需要补偿的受访者平均每周乘坐公共交通 5.58 次，需要补偿的受访者平均每周乘坐公共交通 4.34 次。在使用时长方面，相对于需要补偿的受访者，不需要补偿的受访者每次乘坐公交的时长更长。如图 7-20 所示，对于不需要补偿的受访者来说，30.89% 的居民每次乘坐公共交通的平均时长超过 30 分钟，而对于需要补偿的受访者这一比例为 23.89% 。

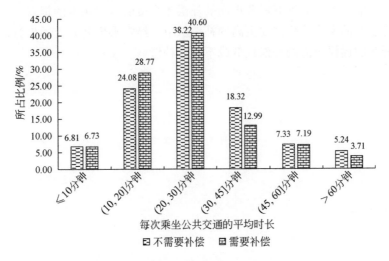

图 7-20　不同碳受偿意愿下居民每次乘坐公共交通的平均时长情况

7.5　本章小结

本章采用条件价值评估法中的支付卡式价值评估模型，以 10 个省份、25 个市区的 1043 户家庭居民为对象，对碳减排的额外支付意愿与受偿意愿进行了研究。本章对支付意愿和受偿意愿分别采取三种方法进行均值分析，研究发现：第一，受访者平均支付意愿为 30 ~ 37 元/月，平均受偿意愿为 45 ~ 47 元/月，受偿意愿普遍高于支付意愿，这可能与居民愿意接受补偿而不是支付费用的心理相关联。在受偿意愿方面，居民减少用电和减少用车的受偿意愿均值和分布较为一致。第二，问卷随机将受访者分为三组，第一组作为控制组，第二组告知居民有关碳排放对于生态环境的不利影响，第三组告知居民有关碳排放对于生态环境和人类社会的不利影响，以分析信息干预对于居民碳减排意愿的影响。结果发现，第二组和第三组平均碳支付意愿存在着显著差异。相比于第二组，知悉全部信息的第三组居民在充分了解碳排放对于环境和人类社会的危害后，碳支付意愿大幅提升。另外，我们并未发现第一组和其他两组存在显著差异。第三，本章对碳意愿的影响因素进行了一定的探索发现，对于碳支付意愿，性别、受教育程度、收入水平、年龄、居住地等个人社会经济特征、气候变化认知、碳认知、低碳态度是主要影响因素。对于碳受偿意愿，气候变化认知和碳认知是主要影响因素。第四，本章从能源消费总量、能源消费结构、家用电器使用时长和习惯、日常出行习惯等方面研究了碳支付意愿/受偿意愿与能源消费行为的关系。结果发现，日常生活中用电比例高的家庭需要更高的补偿才会接受减少用电的提议；习惯设置更低制冷温度的家庭同样需要更高的补偿水平；经常乘坐公共交通出行的居民对于减少开车的提议所需的补偿较低或不需要补偿。

第8章 中国家庭电能替代与低碳转型

电气化水平是衡量一国经济发展水平的重要指标,我国居民用电行为偏好及特点对节能减排具有重要作用。节能用电与电力清洁对我国达成"双碳"战略目标具有重要意义。本章第一节将以宏观视角,简要介绍我国电力发展进程,发现我国电力发展速度快,并且呈现低碳化、多元化的特点,但仍存在总量大、人均不足的问题;第二节简要分析受访家庭电力用能的数量特征;第三节探究家庭用能的影响因素;第四节探究居民对电力来源清洁化接受意愿的影响因素,发现居民环境态度、受教育程度、家庭电力支出等因素对绿色电力接受程度具有显著影响。通过宏观描述与微观实证分析的结合,本章勾勒出我国居民家庭电能替代与低碳转型的基本图像,为我国进一步节能减排及发展清洁电力提供参考思路。

8.1 电力发展背景

电气化是能源革命和技术革命共同推动的结果,同时电气化又是持续推动能源革命和技术革命的物质基础的基本动力,是社会现代化的重要体现;同时,电力设施为国民经济发展提供了有力支撑。本节将简要回顾1978~2021年我国电气化进程,这对于研究我国电力市场有着重要的作用。

8.1.1 电力发展基本情况

8.1.1.1 电源发展呈现多元化态势

1978年,全国发电装机容量为5712亿千瓦,年发电量为2566亿千瓦时;2021年发电装机达到23.8亿千瓦,比1978年增长近42倍;年发电量达81121.8亿千瓦时,比1978年增长近32倍。从1978年改革开放到2021年,我国发电装机容量持续上升,发电量年平均增长率为16%;发电量变化和变化趋势与发电装机容量基本一致,发电量年均增长率为14%。改革开放以来,我国发电供应快速增长,创造了人类电力发展史的奇迹。

我国在电力发展过程中始终坚持可持续发展能力的提高,持续调整电源结构。2021 年，我国非化石能源发电装机容量达 11.2 亿千瓦，占发电总装机容量的 47%；非化石发电量达 2.90 万亿千瓦时，占发电总量的 34.6%。2021 年我国水电装机容量为 3.91 亿千瓦、发电量为 1.34 亿千瓦时，占比分别为 16.4% 和 17.8%。改革开放以来我国水电装机容量占比略有下降，但发电量占比缓慢上升。水电装机容量、发电量均居世界首位。

2021 年，我国火电装机容量为 5.64 亿千瓦、发电量为 12.9 亿千瓦时，占比分别为 67.9% 和 54.1%。如图 8-1 和图 8-2 所示，火电装机容量及发电量占比呈现缓慢下降的趋势，这与环境问题密不可分，尤其在 2020 年，火力发电量占比有一个较大幅度的下降，主要是由于我国 2020 年提出"双碳"目标，电力清洁化是一个重要的进程。

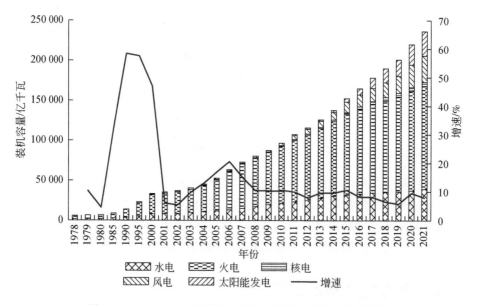

图 8-1 1978～2021 年不同电源装机容量及总装机容量增速

1986 年我国建成第一座并网风电厂，2010 年风电累计装机突破 4000 万千瓦，超越美国成为世界第一；到 2021 年，风力发电达 6526 亿千瓦时。1984 年我国建成第一座离网光伏电站，2015 年光伏电站累计装机容量突破 4000 万千瓦，超越德国成为世界第一；到 2021 年我国光伏发电量达 1421 亿千瓦时。1991 年中国第一座核电站并网发电，到 2021 年核电累计发电达 4071 亿千瓦时，约占全国累计发电量的 5.02%（图 8-3）。

改革开放以来，不同电源发电装机容量及总装机容量增速如图 8-1 所示，不同电源发电装机容量占比变化如图 8-2 所示；不同电源发电量及总发电量增速如

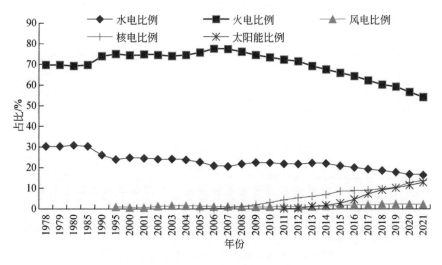

图 8-2　1978~2021 年不同电源发电装机容量占比

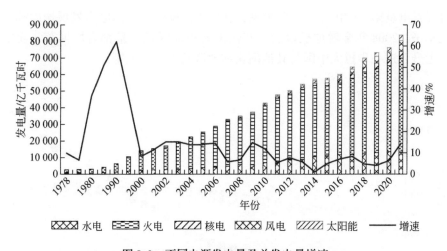

图 8-3　不同电源发电量及总发电量增速

图 8-3 所示，不同电源发电量占比变化如图 8-4 所示。从四个图可以看出，装机容量及发电量是持续增长的，电源结构也逐步趋向多元化、低碳化转变，但装机容量增速和发电量增速的年际变化有较大波动，一定程度说明了经济发展与电力的关系，如 2008 年金融危机时，发电装机容量增速及发电量增速显著下降。

　　图 8-5 展示了 1985~2020 年世界主要国家和地区的发电量变化情况。一直以来，中国发电量增速在这几个国家和地区中占据第一位，且在 2006 年之后成

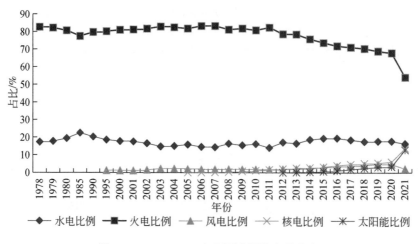

图 8-4　1978~2021 年不同电源发电量占比

数据来源：《中国电力统计年鉴 2021》

为世界发电量第一的国家。由此可见，在世界范围内，中国电力发展速度都处于领先水平。2008 年金融危机以后，其他国家和地区发电量都有所回落，而中国持续上升，进一步拉大中国与其他国家和地区发电量的差距。

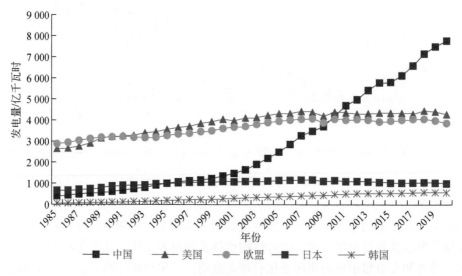

图 8-5　1985~2020 年世界主要国家和地区发电量

数据来源：《BP 世界能源统计年鉴 2021》

由图 8-6 可知，相较于其他国家，中国煤炭发电占比较高，这是由我国资源禀赋所决定的。我国可再生能源发电发展相对更快，但倘若考虑到我国人口总量，仍存在人均不足的情况。

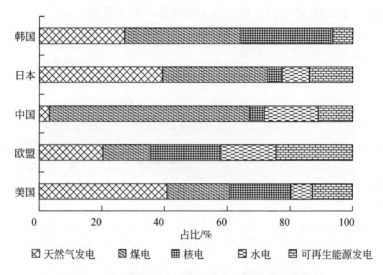

图 8-6　2020 年世界主要国家和地区不同电源发电量

数据来源：《BP 世界能源统计年鉴 2021》

8.1.1.2　发电设备利用率逐步提升

发电设备利用率，是将年度设备实际运行小时数，折算到满负荷情况下的年利用小时数与 8760 小时（1 年）的比值，如一台机组按额定容量（满负荷）运行了 8769 小时，则设备利用率为 100%。设备利用率也可以直接用年利用小时数表示。由于电力系统是发电、输电、配电、用电在电网内必须保持瞬时平衡，所以发电设备很难做到 100% 的设备利用率。我国长期以来对煤电机组建设技术经济分析时一般采用 5500 小时作为设备利用小时数，折算成利用率则为 62.8%。发电设备利用率不能以百分之百作为"满分"标准。某一发电设备利用率高低，不一定表示设备和企业经营业绩好坏，而主要是反映电力供需情况（平衡、短缺、富裕）、电网与电源协调性等情况。

改革开放以来，我国绝大部分时间处于电力短缺状态，虽然在个别时间，如 1998 年前后有过缓解，但直到 2014 年才摆脱长期缺电局面，然而，2021 年仍出现过几次缺电事件，造成较大影响。2021 年，我国平均发电设备利用小时数为 3817 小时（利用率约为 43.6%），其中火电设备利用小时数为 4448 小时（利用率约为 41%），核电设备利用小时数为 7802 小时（利用率约为 89%），太阳能发电设备利用率为2232小时（利用率约为25.58%），水电设备利用小时数为3622小时（利用率约为41%）。图8-7展示了1978～2020年分类型发电设备利用小时数情况，从图中可以看出，设备利用小时数年年际变化较大，当利用小时数高时，如火电高于6000小时以上时，电力供应总体趋于紧张。

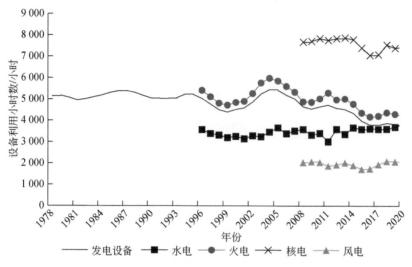

图8-7 1978～2020年分类型发电设备利用小时数

数据来源：CEIC 数据库

8.1.1.3 电网脉络迅速延伸，成为世界上规模最大的电网之一

1952～1972年，我国逐渐形成京津唐110kV输电网、东北电网220kV骨干网架、西北电网330kV骨架网架；1981年开始建成500kV输电线路，到1983年开始形成华中电网500kV骨干网架；1989年，实现了华中—华东两大区的直流联网；2001年，华北与东北电网交流联网，华东电网与福建电网通过500kV交流线路联网，天生桥至广州±500kV直流输电工程双极投运；2002年，川渝电网与华中电网联网；2003年，华中—华北联网，形成了由东北、华北、华中、川渝电网互联的交流同步电网；2005年，华北—山东电网相联，在西北地区（青海官厅—甘肃兰州东）建成了一条750kV输电线路；2005年，西北—华中实现了全国联网；2008年，晋东南—南阳—荆门1000kV交流输电线路投入运行。

图8-8展示了2006～2020年我国输电线路回路长度，截至2020年，输电线路回路长度已经达到79.4万千米，已经建成世界上规模最大、技术最先进的电网。

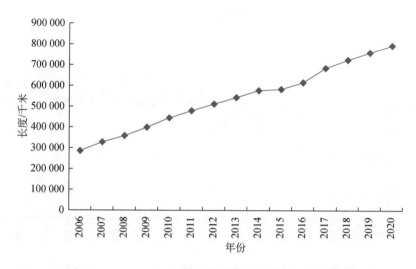

图 8-8　2006～2020 年输电线路回路长度（200kV 以上）

8.1.2　电气化水平快速提升，但人均用电量仍然不足

国际上对于电气化概念并未达到统一，本节参考《中国电力百科全书（第三版）》的概念——"一个国家的电气化水平通常用两个指标衡量：一是发电用能占一次能源的比例，二是电能占终端能源消费的比例"。同时，产业与居民端电力消费情况对研究我国电气化进程也十分重要。

8.1.2.1　电力消费情况

在我国，电力消费在一次能源消费中的比例在 1985 年为 21.8%，至 2019 年提高到 46.4%，34 年间增长了 24.6%（图 8-9）。在我国能源统计中，农村非商品能源如薪柴等并没有统计在内，朱成章（2002）认为，这个比例的数值估计存在向上的偏误。相关文献预测，2035 年全球电力消费占一次能源比例预计约为 40%～44%。修正后中国现值与全球基本持平。

我国电煤消费占煤炭消费的比例在 1985 年为 19.6%，2020 年为 61%，35 年间增长了 41.3%，但与美国 90% 以上、欧洲 80% 的比例相比还存在较大差距（图 8-9）。电能消费在终端用能消费中的比例在 1985 年为 7.4%，到 2019 年增长到了 25.6%，增长了 18.2%。总的来说，电力消费在一次能源消费中的比例、电煤消费原煤占煤炭消费的比例及电能消费在终端能源消费中的比例都在持续上升，表明这些年来我国电气化发展稳步前进，电气化水平持续上升。

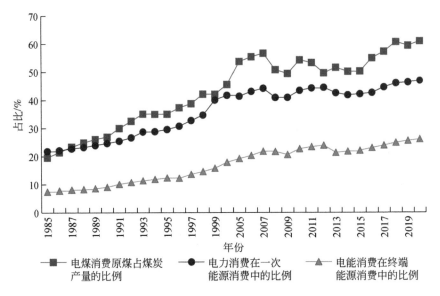

图 8-9　1985~2020 年电力消费不同占比变化

数据来源：《中国电力统计年鉴 2021》

8.1.2.2　产业电气化高速提升，居民电气化仍存在人均不足情况

1990 年、2000 年、2020 年，我国人口分别为 11.4 亿人、12.7 亿人、14.1 亿人，全社会用电量分别为 6230 亿千瓦·时、13472 亿千瓦·时、75110 亿千瓦·时；全社会年人均用电量分别为 545 千瓦·时、1063 千瓦·时、5319 千瓦·时；人均生活用电量分别为 42 千瓦·时、115 千瓦·时、775 千瓦·时。在 21 世纪初，我国还有近 4100 万无电人口，电力行业按照党中央国务院的部署和要求，加大行动力度，实施电网延伸和可再生能源供电工程建设，在 2015 年解决了最后 20 多万无电人口用电问题，为同步进入小康社会创造有利条件。图 8-10 展示了 1983~2020 年全社会人均用电量与人均生活用电量，从图中可以看出全社会用电量的增长率高于人均生活用电量的增长率。

如图 8-11 所示，2015~2022 年，第一产业月度电力消费占比基本持平；第三产业月度电力消费占比缓慢上升；第二产业月度电力消费占比最高，基本在 80% 以上。这与我国工业化发展进程基本一致。说明我国实现工业化进程中，第二产业用电比例大是基本特色之一。

图 8-12 展示了 2015~2020 年城乡居民用电情况，城镇居民与乡村居民用电差距基本持平，增速也基本保持一致。图 8-13 和图 8-14 分别展示了我国历年来

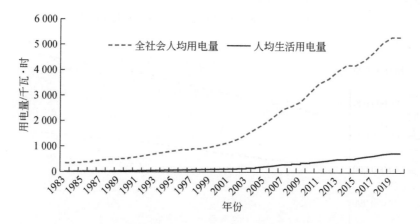

图 8-10　1983～2020 年全社会人均用电量与人均生活用电量

资料来源：CEIC 数据库整理得出

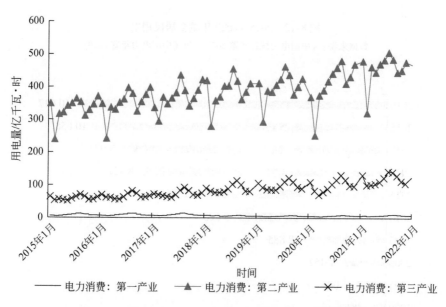

图 8-11　2015 年 1 月～2022 年 1 月分产业电力消费情况

居民用电量与人均用电量的变化情况。我国居民用电量在 1990 年为 481 亿千瓦·时，到 2019 年增长为 10 637 亿千瓦·时，增长了 21% 左右。我国居民用电量在 2010 年前呈现指数增长趋势，2010 年后呈现线性增长趋势。人均用电量在 1984 年为 13 千瓦·时，到 2019 年已增长至 756 千瓦·时，呈现出明显的线性增长趋势。

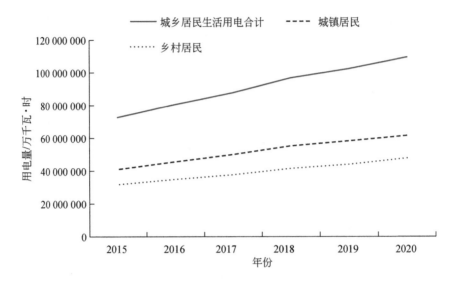

图 8-12　2015 ~ 2020 年城乡居民用电

数据来源：《中国电力统计年鉴 2021》和《中国电力年鉴 2019》

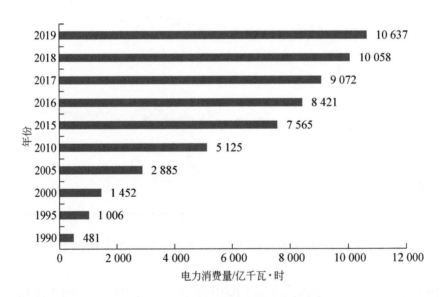

图 8-13　1990 ~ 2019 年居民电力消费情况

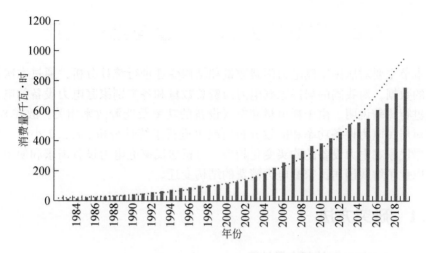

图 8-14 1984~2019 年人均生活电力消费情况

虽然我国是世界上第一大发电国，但是我国人均电力消费量相较于其他发达国家和地区还有较大差距（图 8-15）。2017 年，人均用电量第一的国家是加拿大，用量为 14 273 千瓦·时，我国仅为 4546 千瓦·时，仅占加拿大用量的 31.8%。这说明我国电气化水平仍有较大发展空间。

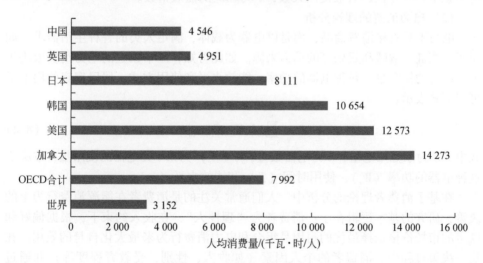

图 8-15 2017 年世界主要国家和地区人均电力消费情况

数据来源：《中国电力年鉴 2021》

8.2 家庭电力消费数量与结构变迁

本节主要对居民家庭电力消费数量和结构变迁进行统计分析，通过本次调查收集的数据，对我国的居民家庭电力消费总数量和各类别家庭电力设备的电力消费量进行比较说明。由于耗电量和电气设备的功率及能源效率相关，故在 8.2.1 小节对居民电力设备功率和能效分布情况也进行了统计分析。8.2.2 小节主要通过对居民家庭电力设备的购买变化趋势，分析居民家庭电力设备需求和使用的变迁，以此了解我国居民家庭电力消费的结构变迁。

8.2.1 研究方法

(1) 单位用电器的耗电量计算

将居民家庭的用电量分解至具体的每一类用电器中进行描述性统计分析，比较每一类用电器年用电量的实际差异。单位用电器的耗电量可以用下式表示：

$$\bar{E}_{ij} = \bar{P}_{ij} \bar{F}_{ij} \bar{D}_{ij} \bar{k}_{ij} \tag{8-1}$$

式中，$\bar{P}_{ij}$ 为居民家庭第 j 类电器的平均功率；$\bar{F}_{ij}$ 为该电器每日的平均使用时间；$\bar{D}_{ij}$ 为该电器一年内的有效使用天数；$\bar{k}_{ij}$ 为相应的能效指数。

(2) 电力消费的理论分析

电力不是直接消费商品，而是以电器为载体，满足人类的各种生活需求，如照明、烹饪、取暖和娱乐等的动力来源。如此可知，一个家庭的电力消费取决于电力设备的保有量、每种电器的功率、能效水平和使用方式。居民家庭的用电量可用下式表示：

$$E = \sum_{i=0}^{n} f_i(W_i, T_i, \alpha_i) \tag{8-2}$$

式中，E 为家庭用电量；n 为电器数量；$f_i(\cdot)$ 为第 i 类电器的使用量，取决于这种电器的功率（W_i）、使用时间（T_i）和能效水平（α_i）。

在基于消费者理论的分析中，人们通常关注的是消费者在能源消费行为上的决策，研究的基本逻辑在于：消费者为"理性人"，在收入约束下，根据偏好和既定的市场价格选择最优的耐用品组合和电力消费行为来最大化自身的效用。在这一决策过程中，消费者的个人因素（如收入、性别、受教育程度等）和通过影响消费者的偏好来对决策产生影响，而外在的因素（如电价和替代性能源的价格及互补性商品的价格等）则通过影响成本收益的函数影响消费行为（Fisher and Kaysen，1962）。在已有的文献中，有许多学者对影响居民电力消费的行为因素进行理论与实证研究。

8.2.2　居民电力消费数量分析

8.2.2.1　我国居民电力消费总体情况

随着我国经济的快速增长和人民生活水平的提高，对能源的需求也逐步提升，而电力作为不可或缺的能源，对于国家的经济发展和居民的生活水平都有着至关重要的作用。如图 8-16 所示，2021 年全国居民生活用电占总用电量的比例达 14.13%，比 2012 年的 12.54% 上升了 1.6%，并且 2012～2021 年整体占比水平均保持在 12% 以上，说明我国的居民生活的电力消费占比趋于平稳，并对全国电力消费总量的影响逐渐上升。稳定增加的社会电力消费总量和快速增长的居民生活用电量，为我国实现节能减排和绿色发展，以及"双碳"总体目标的实现带来不小的挑战。

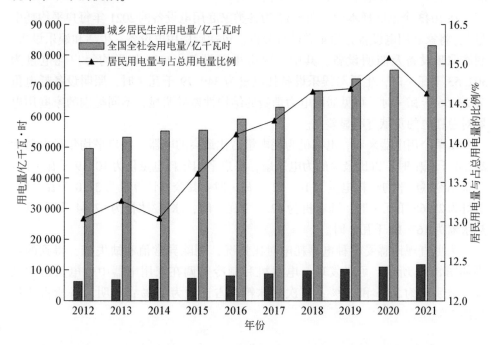

图 8-16　2012～2021 年我国社会总用电量、居民用电量与占总用电量比例情况

虽然我国居民电力消费占总用电量比例有所上升，但与发达国家相比，仍处于偏低状态。2021 年，美国居民用电量为 14 765.69 亿千瓦·时，生活电力消费占比为 38.91%，为我国同等占比的 3 倍多。无论与发达国家相比，还是与同处

于快速发展阶段的发展中国家相比，目前我国居民生活的用电水平均处于低位，说明我国居民电力消费仍存在巨大的上升空间。

在经济迅速发展，能源需求逐渐加大的今天，研究我国居民用电的影响机制，预测居民用电的潜在水平，对于我国制定能源战略，维护国家能源安全具有重要意义。

8.2.2.2　中国居民电力消费数量微观分析

基于中国人民大学 2021 年 12 月 ~ 2022 年 1 月进行的家庭能源消费调查数据，采取随机选取省份和地级市，完成分布在 10 个省份、25 个市区，共 1043 个家庭有效问卷。根据分析结果，2020 年我国居民家庭总电费平均值为 1471.6 元，2021 年家庭总电费（11 个月）平均值为 1220.21 元，折算一年为 1331.13 元[①]。2021 年家庭用电总千瓦·时数平均值[②]为 1944.21 千瓦·时，其中家用电器[③] 2021 年每户平均耗电量为 373.45 千瓦·时。

在 1043 个家庭样本中，图 8-17 为各类家庭用电设备的 2021 年每户平均耗电量[④]，将家庭用电设备分为 4 类进行分析，包括厨房用电设备、生活和娱乐设备、制冷取暖设备及照明设备。其中，厨房用电设备[⑤] 2021 年平均每户耗电量为 302.63 千瓦·时，生活与娱乐设备耗电量为 349.79 千瓦·时，照明设备耗电量为 23.66 千瓦·时。可见居民电力消费的结构性差异明显，不同类别的家庭用电器对总耗电的贡献有明显差别。

从单个用电器来看，电视机为耗电量占比最高的电器，每户平均年耗电量为 202.4 千瓦·时；占比最少的为电风扇，每户平均年耗电量仅为 10.19 千瓦·时；空调制冷每户平均年耗电量为 142.62 千瓦·时；其余如计算机为 37.0 千瓦·时，电灯为 23.66 千瓦·时，洗衣机为 42.5 千瓦·时，冰箱/冰柜为 67.84 千瓦·时，热水器为 163.11 千瓦·时。

为更直观地感受各种电器耗电对比情况，剔除异常值和缺失值，得到的结果如图 8-18 所示。可以发现，电视机和制冷空调在家用电器中耗电量占比较大，分别约为 38% 和 27%；其次为冰箱，占比约为 13%；照明设备所占比例仅约 5%。

---

① 2021 年家庭用电费用=2021 年 11 个月每户家庭总电费平均值/11+1220.21 元。
② 问卷只涉及 2021 年前 11 个月的电费数据，故这里的平均值是 11 个月平均值，后面同。
③ 本次问卷中家用电器包括空调、电风扇、冰箱/冰柜、洗衣机/烘干机、电视机、计算机、电灯；家庭用电设备还包括厨房设备和热水器等。
④ 耗电量按照其问卷填写的使用频率和实际使用电功率进行计算所得。
⑤ 厨房用电设备包括电磁炉、电饭煲、微波炉、烤箱、电水壶等。

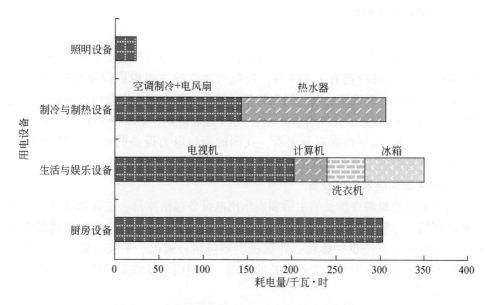

图 8-17　各类家庭用电设备 2021 年平均总消耗电量

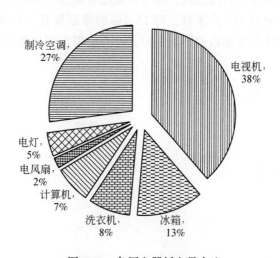

图 8-18　各用电器耗电量占比

下面将居民电力消费按厨房用电设备、生活和娱乐设备、制冷取暖设备及照明设备对各种电器电力消费情况进行具体描述分析。

（1）厨房用电设备①

本次调查的居民厨房设备中，平均每户拥有的厨房做饭设备约 2 台，家庭拥有最多的做饭设备台数为 6 台，最少为 0 台。1043 户家庭拥有的总做饭用电设备为 1446 台，平均每户拥有 1.386 台。以电力为主的主要厨房设备包括微波炉、电水壶、电磁炉、电饭煲、高压锅和烤箱。其中，拥有的电力做饭设备最多的是电饭煲，1043 户家庭一共拥有 641 台；其次是电磁炉，有 325 台；最少的是烤箱，只有 29 台。从平均拥有量来看，我国的厨房电力设备的普及率相对较低，居民拥有的做饭电力设备数量不多，居民的生活水平还有待提高。

（2）生活和娱乐用电设备

本次家庭能源调查涉及的生活和娱乐用电设备包括冰箱、洗衣机等日常耐用品和电视机、计算机等娱乐工作设备。冰箱包括冰柜，洗衣机包括除普通的洗衣机外还有烘干机及洗烘一体机，计算机主要包括台式机、平板电脑和笔记本电脑，但在现实中，由于实际工作时长的差别，不同用电器的实际耗电量可能存在较大差异。

如图 8-19 所示，有效样本家庭中有 82.84% 的家庭拥有 1 台及以上的冰箱，69.5% 的家庭拥有至少一台洗衣机，68.6% 家庭有超过一台电视机；计算机拥有的家庭相对较少，只有 157 户家庭，即 15.1% 的家庭拥有一台及以上的计算机。这说明家用电器中冰箱更多以必需品的形式存在，需求度比较高，而计算机的需求度最低。

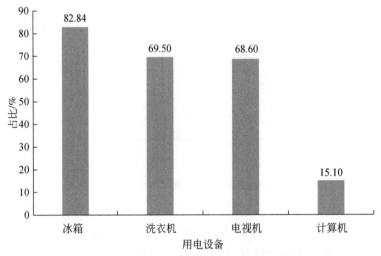

图 8-19　拥有一台及以上生活和娱乐用电设备的家庭比例

---

① 此处的厨房设备统计只包括以电力为燃料的厨房设备。

有效样本中，每户家庭的冰箱每日耗电量平均值为 0.361 千瓦·时，年平均耗电量为 67.8 千瓦·时；洗衣机每日耗电量平均值为 0.22 千瓦·时，年平均耗电量为 42.5 千瓦·时；电视机每日耗电量平均值为 1.03 千瓦·时，年平均用电量为 202.4 千瓦·时；计算机每日耗电量平均值为 0.21 千瓦·时，年平均用电量为 37.04 千瓦·时。如图 8-20 和图 8-21 所示，生活和娱乐设备每日耗电比例中，电视机的占比最高，达 56.56%；年耗电比例中，电视机耗电比例和每日耗电比例类似，占比高达 58%，其次为冰箱（占比为 19%），计算机和洗衣机相差不大，均在 12% 左右。这说明根据使用频率和时长计算所得的每日每户平均耗电量和年每户平均耗电量差别不大，表明这些电器的日常使用频率较普遍，整体呈一致趋势①。

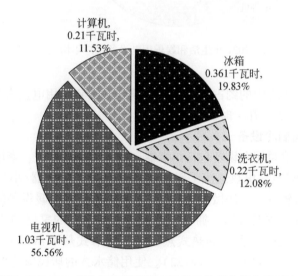

图 8-20　2021 年生活和娱乐用电设备日均每户耗电量对比

（3）照明设备

本次调研的照明设备主要为电灯，类型主要有日光灯、白炽灯和节能灯。其中，节能灯在所有灯泡中的比例最高，高达 65.2%；70% 左右的家庭的电灯使用时间集中在 2~5 小时，很少超过 8 小时，照明时间超过 8 小时的只有 3% 左右，基本上不会超过 12 小时及以上；每个家庭拥有的电灯个数普遍在 1~6 盏。电灯

---

① 这里的日均用电量和年均用电量不相等，日均是根据当天使用时长和频率计算所得，年均需要乘以相应的一年中使用天数，两者间不存在单一的关系，会随着不同家庭和电器的不同使用情况而有所不同。

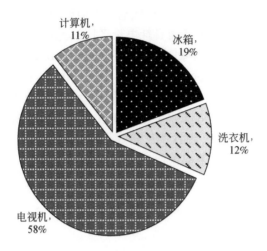

图 8-21　2021 年生活和娱乐用电设备每户年均耗电量对比

的使用寿命在 6 年之内的约占 89.4%。照明设备的年均用电量为 23.7 千瓦·时，日均用电量为 0.13 千瓦·时。

（4）取暖与制冷设备

本次调研的取暖用电设备包括热水器、壁挂炉管道供暖、家用空调采暖、油热加热器（油热汀）、电热地膜采暖、电辐射取暖（电暖器/小太阳）等，但由于相关样本数量较少，无法做量化分析，所以本部分对取暖设备的讨论主要集中在热水器。由调研数据可知，拥有一台及以上热水器的家庭的比例为 66.92%，类型可分为储水式热水器和即热式热水器，储水式热水器的容量主要为（30，100] 升，拥有率高达 85%（图 8-22）。使用储水式的居民家庭中，有 54.1% 的家庭热水器会一直加热，剩余的是在使用时加热。热水器的年均用电量为 163.11 千瓦·时。

本次调研的制冷设备主要为制冷空调和电风扇两种电器，制冷空调可分为分体式空调和分户式中央空调，其中分体式空调在所有空调类型中占比为 91.5%，变频空调占比为 65.03%。通过计算可以发现，本次调研中，在制冷方面[1]，2021 年我国居民家庭每户总耗电量平均值为 152.81 千瓦·时，其中空调制冷日均用电量为 1.04 千瓦·时，年均用电量为 142.62 千瓦·时；电风扇制冷日均用电量为 0.334 千瓦·时，年均用电量为 10.19 千瓦·时。

---

① 制冷空调和电风扇。

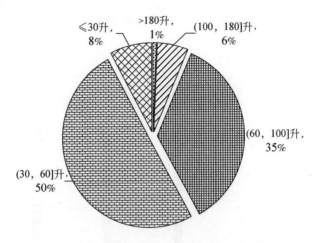

图 8-22　储水式热水器容量分布情况

8.2.2.3　居民电力设备功率和能效分布情况

家用电器的实际耗电量一般是由其电功率和使用时长决定，电功率越大，使用时间越长，其消耗的电能就越多。除此之外，电力设备还需面对能源的转化问题，其中能源效率的影响较大，故电力设备的能效水平某种程度上也是影响其一年实际耗电量的关键因素之一。在同等情况下，能效等级越高的家用电器实际用电量更少。由于使用高能效水平耐用品的家庭在长期中使用的能源更少，研究电力设备的功率和能效分布情况，对推广高能效产品的使用有着重要意义。

（1）厨房用电设备

本次调研中，厨房用电设备的电功率分布主要集中在（500，700］瓦这个区间，其次是（700，1000］瓦（图 8-23）。其中，电磁炉和电水壶的功率普遍较高，多大于 1500 瓦；电饭煲的功率较集中，基本上分布在（500，1000］瓦这个区间内；微波炉、电高压锅和烤箱的数量较少，电功率分布相对比较均匀。

本次调研中，厨房用电设备能效分布如图 8-24 所示，有能效标识的厨房用电设备共 520 台。其中，三级能效的设备最多，有 244 台，其次是一级能效和二级能效设备。居民拥有较多的厨房电力设备是电饭煲，其能效水平主要分布在一级至三级能效，其中三级能效的最多。三级能效是家庭节能电器的分水岭，表示产品的能源效率为我国市场的平均水平，理论上三级及以上级别的能效水平可以算作节能电器，这里也侧面说明居民的节能意识良好，大多数人会选择购买相对节能的电力设备。

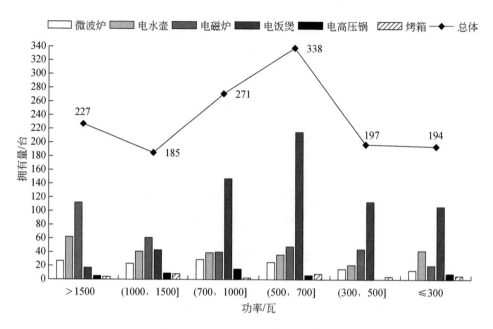

图 8-23 厨房用电设备功率分布

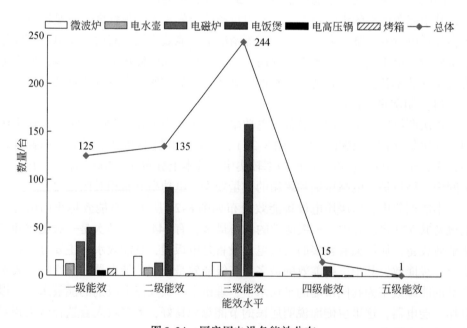

图 8-24 厨房用电设备能效分布

（2）家用电器设备

本次调研问卷中涉及的冰箱、电视机、洗衣机、热水器和空调①的额定功率分布如图 8-25 所示。从图中可以发现，高功率（>1500 瓦）的家用电器数量较少，低功率（≤500 瓦）的电器以电视机为主。

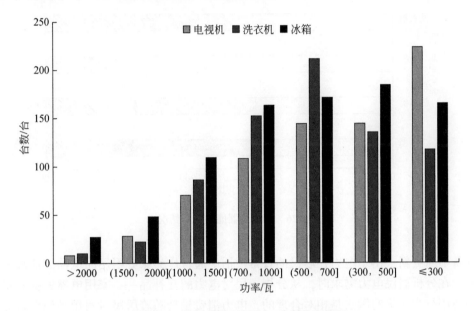

图 8-25　家用电器（部分）功率分布情况

本次调查中涉及能效水平的家用电器主要包括冰箱、洗衣机、热水器和空调四类②，其能效水平分布如图 8-26 所示。每一类电器中均有一部分缺乏能效标识，尤其是电视机中没有能效标识的设备比例占到 80% 以上。有能效标识的设备中，冰箱达到一级能效的比例最大，其次为洗衣机、空调和热水器，其占比分别为 53.1%、34.4%、23.3% 和 21.6%。

8.2.3　居民家庭电力消费结构变迁

随着收入水平的提高和生活方式的改善，以及城镇化持续推进，居民家庭对耐用品电器种类和数量的需求逐渐加大，用于照明、烹饪、取暖和娱乐等方面的

---

① 制冷空调和热水器的信息较少，此处不进行横向比较。
② 计算机和电风扇的拥有能效标识的数目较少，故不纳入横向对比。

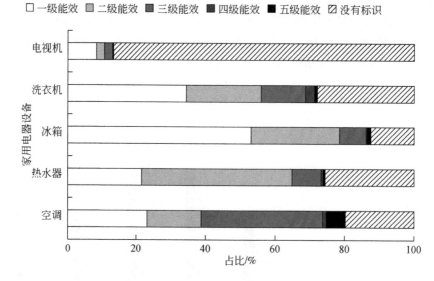

图 8-26　家用电器能效分布情况

设备不断更新，由于电力在居民的日常生活中通常作为家庭耐用品电器的能源来源，在分析居民电力需求时，从分析居民对电力的互补品——家用电器的拥有量和使用行为入手的做法是相对合理的，电力消费量会随着居民对耐用品消费行为的变化而发生改变。可见家庭电保有量和使用方式对理解和预测电力需求具有重要意义，以下我们将通过本次调研数据进行微观家庭数据总结和分析。

　　基于本次调查数据，对 2010～2021 年购买的家庭用电设备，先对总趋势进行结构性分析，然后对购买的年份和电气设备品种进行描述性分析，进而分析其结构变迁，最后分别对分地域和分城乡类别进行结构变化分析，寻找其差异性。

8.2.3.1　居民家庭厨房电力设备和家用电器购买变化趋势

　　图 8-27 展示了本次调查的 1043 户家庭在 2010～2021 年期间的厨房电力设备的整体购买变化趋势。可以发现，十多年来，居民家庭每年购买数量最多的厨房电力设备为电饭煲，其次为电磁炉，其中，2015 年和 2018 年为十年内购买高峰年份；电水壶的购买量总体呈上升趋势。高压锅和烤箱购买量无明显变化，趋于平稳。

　　图 8-28 展示了本次调查的 1043 户家庭 2010～2021 年期间家用电器设备的整体购买变化趋势。与厨房电力设备有所不同，大多数家用电器的购买变化趋势都有比较明显的波动，2015 年和 2018 年是两个明显的购买高峰年。其中，洗衣机、

电视机和冰箱趋势变化接近，历年的购买数量在家用电器中所占比例都较高。结合前面的厨房电力设备购买情况可知，居民在购买电气设备或更换电力设备时，会比较集中地去进行购买和更换。

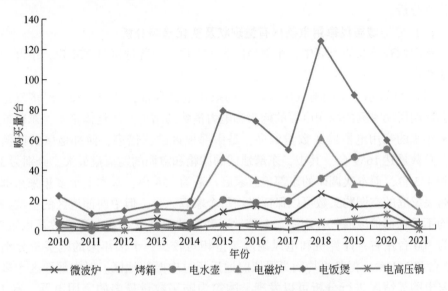

图 8-27　2010～2021 年厨房电力设备购买趋势

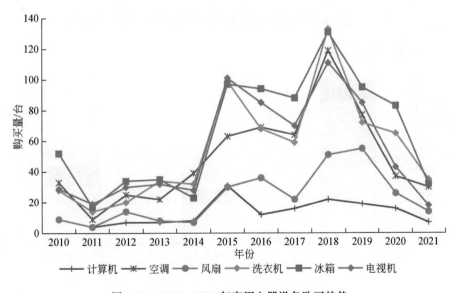

图 8-28　2010～2021 年家用电器设备购买趋势

8.2.3.2 家用电器分地域和城乡保有量现状及变化趋势

以下将通过分地域和分城乡分别对家电设备的购买趋势进行居民电力消费的结构性分析。

(1) 分地域居民家用电器保有量现状及变化趋势分析

本次调查涉及的家庭中，东部地区有 454 户，西部地区有 274 户，中部地区有 315 户。

图 8-29 展示了不同地域居民家庭的家用电器数量，从图可知，经济发达程度会影响居民家庭的家用电器的购买和电力消费的结构。从整体来看，东部地区十多年来的家用电器购买数量最多，是中部地区的三倍多，西部地区的两倍左右，总数量达 1659 台。其中，东部地区的冰箱和空调的购买量最大，分别为 362 台和 443 台，而本次调研的东部地区家庭户数为 454 户，基本上十多年来东部地区居民家庭的空调购买数可以保证平均每个家庭一台，但中西部地区的空调购买量均不足东部地区的三分之一。东部地区购买的为洗衣机和电视机数量也较多，均为 300 台左右；计算机和电风扇购买量相对较少，十多年来的购买量分别为 100 台和 161 台，但其平均购买量依旧远远超过中西部地区。对中部地区十多年来家电购买情况进行分析可以发现，冰箱为购买数量最多的家用电器，有 176 台，其次为电视机和洗衣机，分别为 137 台和 11 台。西部地区与中部地区情况类似。

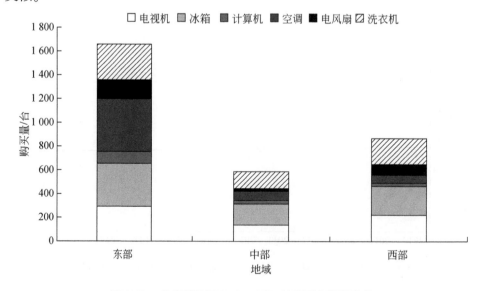

图 8-29 东中西地区 2010~2021 年家用电器保有量

从图 8-30 ~ 图 8-32 可以发现，地域间购买的家电结构和趋势并不相同。从图 8-30 可知，东部地区空调的购买量最多，并在 2018 年达到高峰；从图 8-31 可知，中部地区的家电购买趋势不具有规律性，波动程度较大，2015 ~ 2020 年期间的洗衣机、电视机、冰箱的购买量为近 11 年较多的年份；从图 8-32 可知，西部地区的家电购买比较规律，集中购买家电的年份在 2015 年和 2018 年，主要购买的家用电器为冰箱、电视机和洗衣机。

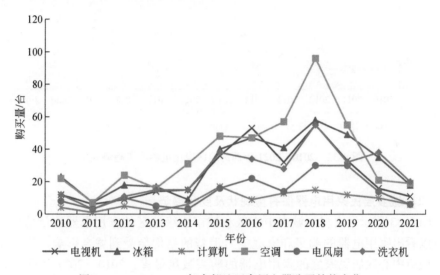

图 8-30　2010 ~ 2021 年东部地区家用电器购买趋势变化

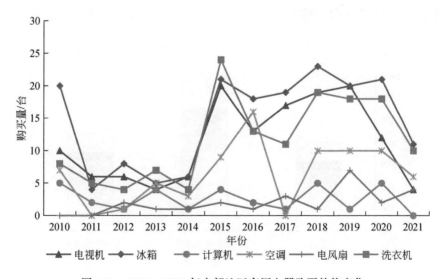

图 8-31　2010 ~ 2021 年中部地区家用电器购买趋势变化

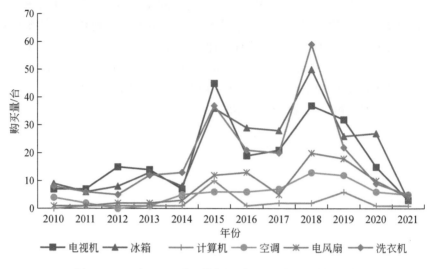

图 8-32　2010～2021 年西部地区家用电器购买趋势变化

（2）城乡居民家用电器保有量现状及变化趋势

图 8-33 展示了农村、城市中心区和城市边缘地区的家用电器数量情况，从图可以看出家用电器的购买和家庭电力消费的结构会受到城乡影响。从整体来看，城市中心区居民家庭的家用电器的购买数量最多，2010～2021 年平均每户购买 3.1 台家用电器，城市边缘地区和农村居民家庭相对较少，每户购买家电数分别为 2.8 台和 2.9 台。城市中心区居民家庭冰箱和洗衣机的购买量最大，分别

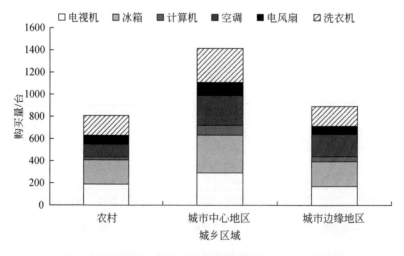

图 8-33　农村、城市中心区、城市边缘地区家庭家用电器保有量

为 342 台和 305 台。除计算机和空调的平均购买量差距明显外，城市中心区居民家庭计算机平均购买量为农村居民家庭购买量的两倍多，比城市边缘地区居民家庭的平均购买量多 20%；其余家用电器的平均每户购买量无明显差距。

对农村居民家庭 2010～2021 年家用电器购买情况分析可以发现，冰箱和电视机为购买数量最多的家用电器，分别为 218 台和 189 台；其次为洗衣机，有 177 台。城市边缘地区居民家庭冰箱购买量最多，有 224 台；其次为洗衣机和电视机，分别为 177 台和 170 台。

从图 8-34～图 8-36 可以发现，城乡居民对购买的家用电器的选择和趋势也有所不同。农村居民家庭和城市中心区居民家庭在 2015 年和 2021 年对家用电器

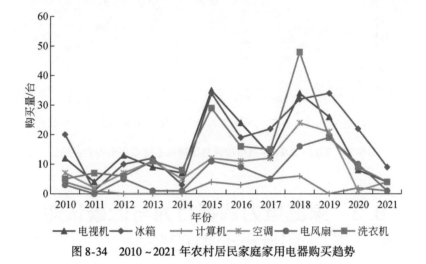

图 8-34　2010～2021 年农村居民家庭家用电器购买趋势

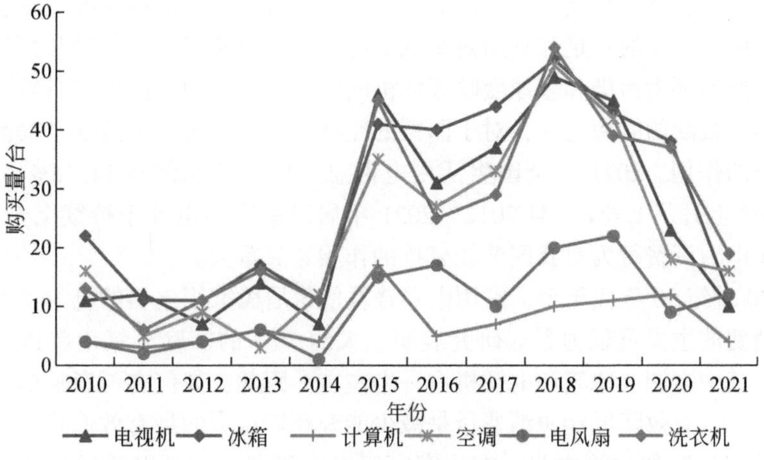

图 8-35　2010～2021 年城市中心区居民家庭家用电器购买趋势

的购买量都有较大上升，而农村居民家庭对洗衣机、冰箱和电视机的购买量相对较多，除上述家电以外，城市中心区居民家庭还多了对空调的购买量上升。图 8-36 显示城市边缘地区居民家庭和农村及城市中心区居民家庭家用电器购买趋势的不同之处，其家用电器购买的高峰年份为 2016 年和 2018 年。

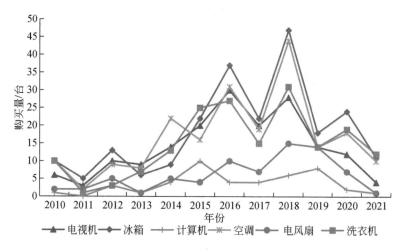

图 8-36 2010～2021 年城市边缘地区居民家庭家用电器购买趋势

8.3 家庭电力消费行为与低碳认知和低碳态度的关系

随着我国经济的高速发展，对能源的需求大量增加，使得能源短缺现象也日益突出。由于资源的不足和利用效率低下等问题，以及产生的各种负面影响——碳排放导致的环境污染和全球变暖等危机问题，使得我国目前处境日益严峻。电力作为不可或缺的能源之一，对于国家的经济发展，居民的生活水平提高都有着至关重要的作用。2021 年全国生活用电占总用电量的比例达 14.13%，比 2012 年 12.54% 上升了 1.6%，且 2012～2021 年居民家庭用电处于持续上升的趋势，说明居民电力消费行为对我国节能减排的作用意义重大。

从 20 世纪 90 年代至今，家用电器普及使得居民家用电器的电力消费成为居民电力消费的主要贡献力量。研究表明，大约 70% 的家庭二氧化碳排放来自家用电器，其中空调、冰箱和电视机占一半左右。因此，如何在不影响居民生活质量的前提下，有效降低能源消费量是减少能源环境压力的最有效途径，也准确契合"节能减排"的政策主张。在研究家庭电力消费中，可以通过改变消费者的消费习惯，引导消费者更节能地使用家用电器进而降低居民能源消费。在碳中和背景下，对碳排放的认知和了解程度及对节能减排的积极性，在某种程度上也可以影响并决定居民对家用电器使用时的行为选择。因此，培养居民的低碳认知和激励居民碳积极态度也可以培养激发他们的减排行为，让其意识到现在人类保护生态环境的迫切性并付出实际行动，这对实现节能减排目标有着积极的作用。

本节使用 CRECS 2021 调查数据，研究低碳认知水平和低碳态度对居民使用家用电器时行为的影响。由于空调解决了困扰人类多年的暑热问题，使得人们生活的舒适度有较大提升，因此，空调是家用电器中普及率较高的电器。但是，空调是家用电器中能耗较大的电力设备，日常生活使用时居民相对会考虑得较仔细，加上的温度设置灵活，所以其使用行为的区分也会比较明显，便于进行统计和分析其背后形成因素。因此，本节选择制冷空调作为研究家用电器使用行为的代表。研究的行为主要为使用制冷空调时的温度设置和停用后的一系列行为。针对研究结果提出一定建议，即可以通过普及相关的低碳认知，营造低碳社会文化和环境，引导公众自觉地改变自己对家用电器使用的行为，达到家用电器减排的目的，最终减少居民生活用电的碳排放，助力于"双碳"目标的达成。

8.3.1 主要研究变量

本次调查的 1043 户家庭样本中，有 45.35% 的家庭拥有一台及以上的制冷空调，有 570 户家庭拥有 0 台制冷空调，样本中共有 658 台①制冷空调，平均每户拥有 0.63 台制冷空调，如表 8-1 所示。

表 8-1 制冷空调统计信息

制冷空调保有量	有效样本：658
平均值/台	0.63
最大值/台	4
最小值/台	0

8.3.1.1 使用制冷空调时的温度设置

将使用制冷空调的温度设置时分界线定为 26 摄氏度。从生物学上来说，26 摄氏度是人体感受最舒适的温度，也是一个相对居中的温度，同时出于节能的考

---

① 样本中存在拥有 1 台以上制冷空调的家庭。

虑，当温度较高或较低时，需要调节的温度差都相对较小，也是各种节能宣传中居民会经常接收到的信息，所以将空调温度设置为 26 摄氏度是非常合适的分界线。将使用空调时设置的温度高于 26 摄氏度的行为定义为一种使用电器的节能行为之一，温度设定低于 26 摄氏度的空调设定认为是一种相对不节能行为。

8.3.1.2 不使用制冷空调时的行为

问卷中，对不使用制冷空调时的行为主要分为以下四种：①不管它，开着就开着，或者稍微调高一点温度；②遥控器关机（待机）；③关闭空调电源；④拔掉插头。

这四种行为属于递进的节能的行为，按其行为的选择给予其 1 ~ 4 分，分数越高说明居民使用空调的行为越节能。预测空调不使用行为背后的影响机制包括个人对节能环保的认知和态度，进一步可以细分为碳认知水平高低和减低碳态度的积极性。

8.3.1.3 低碳认知水平和碳排放态度

根据调查数据和问卷设计，低碳认知水平主要是问卷 B 模块中碳相关概念，问卷中包含三个碳相关概念：低碳生活、碳中和、减碳所推出的市场工具（如碳市场、碳税、配额制等），根据是否了解和了解的程度量化为 1 ~ 4 个等级进入回归方程。低碳态度主要是问卷 C 模块中的五个态度问题：是否支持"双碳"目标、"双碳"目标可实现性、日常生活对碳排放的影响、用实际行动支持碳中和、愿意通过减少用电支持碳中和。根据答案是否愿意或者愿意的方式量化为二元变量进入回归方程。

8.3.1.4 其他解释变量

（1）个人特征

户主的个人特征在一定程度上反映了家庭的特征，如年龄、性别、受教育水平。

（2）家庭特征

家庭的经济状况是影响家庭电器拥有量和使用习惯的重要因素，如家庭年收入。

（3）居住特征

居住特征在研究家庭电力消费时是非常重要的信息，如城乡、地理位置。

（4）家用电器特征

家用电器特征可以侧面反映日常生活中居民对家庭电器的态度，如空调的购买年份。

8.3.2 描述性统计

排除异常值和缺失值，样本中剩余 658 个观测量，其基本情况如表 8-2 所示。使用制冷空调的温度设置从 12 ~ 30 摄氏度不等，使用时设置在 26 摄氏度以上的制冷空调占比为 46.66%；不使用制冷空调后，超过 80% 的人会选择"遥控器关机（待机）"或者是"拔掉插头"等行为；平均家庭年收入为 15.234 万元；受访者的平均年龄为 40.023 岁，最小的受访者只有 13 岁，最大为 79 岁；受教育程度范围从无正规教育到硕士，本次采访拥有制冷空调的受访人员主要集中在高中和大专教育程度，其中初中及以下的教育程度较低的人员占比为 20.36%，教育水平在本科及以上的人员占比为 27.5%；生活在农村的人口占比为 20.36%；制冷空调购买年份主要集中在 2018 年，最早的制冷空调购买时间可以追溯到 1986 年；东部地区购买制冷空调的人最多，占比高达 75.23%；受访者中女性偏多，占比为 65.5%。

表 8-2　各变量描述性统计

变量	定义	观测值	平均值	最小值	最大值
制冷空调不使用时	1：不管它，开着就开着，或者稍微调高一点温度 2：遥控器关机（待机） 3：关闭空调电源 4：拔掉插头	658	2.725	1	4
使用时温度设定	1：26 ~ 30℃ 0：12 ~ 25℃	658	0.533	0	1
低碳认知：低碳生活	1：从未听说过	658	2.152	1	4
低碳认知：碳中和	2：听说过，但不清楚是什么 3：知道含义和大概内容	658	1.617	1	4
低碳认知：市场工具	4：熟悉含义和具体内容	658	1.506	1	4
低碳态度：愿意通过减少用电支持碳中和	1：愿意 0：其他	658	0.644	0	1
低碳态度：支持"双碳"目标	1：支持 0：其他	658	0.894	0	1

续表

变量	定义	观测值	平均值	最小值	最大值
低碳态度："双碳"目标可实现	1：相信 0：其他	658	0.559	0	1
低碳态度：行为影响碳排放，生活中尽量减排	1：是 0：其他	658	0.565	0	1
低碳态度：用实际行动支持碳中和	1：支持 0：其他	658	0.983	0	1
年龄	年龄	658	40.023	13	79
性别	1：女性 0：男性	658	0.655	0	1
教育程度	按受教育程度上由低至高打1至7分	658	4.498	1	7
年收入	万元	658	15.234	1	60
农村	1：农村 0：其他	658	0.204	0	1
城市边缘地区	1：城市边缘地区 0：其他	658	0.337	0	1
东部地区	1：东部地区 0：其他	658	0.752	0	1
中部地区	1：中部地区 0：其他	658	0.141	0	1
空调购买年份	具体年份	658	2015	1986	2021

8.3.3 实证分析

由于本节实证研究的因变量属于有序类别变量，在统计上不属于连续变量，因此传统的 OLS 回归不再是无偏有效估计。此时，可采用二元 Logit 回归模型和 Ologit 模型进行分析，由于制冷空调节能与否的设定以 26 摄氏度为分界点，是一个 0~1 的二元变量，所以制冷空调使用时的温度设定采用了 Logit 模型进行回归；

而制冷空调的节能使用行为属于有序离散变量，所以对制冷空调不使用时的处理行为使用了 Ordered logit 模型回归。

8.3.3.1 实证结果分析总结

（1）低碳认知水平和低碳态度对制冷空调使用时温度设置的影响分析

1）低碳认知水平越高对制冷空调温度设定会更节能。低碳认知水平中"低碳生活"这一概念的了解程度对制冷空调使用温度设定是否高于 26 摄氏度有显著的影响，了解程度越高会越愿意将制冷空调使用时的温度设置在 26 摄氏度及以上。

2）积极的低碳态度对制冷空调温度设定更节能。低碳态度中支持"双碳"目标、愿意通过减少用能的行为来支持碳中和等积极态度对将制冷空调使用温度设定高于 26 摄氏度有积极的影响，说明对于减低碳态度积极且愿意付出实际行动的人，使用制冷空调时更愿意将温度设定在耗费电量更少碳排放更低的 26 摄氏度及以上。但愿意用实际行动支持碳中和的人对制冷空调温度设定反而有显著的负影响，可能是这些居民支持碳中和的行为不局限于减少家庭用电或者是制冷空调温度设定这一种方式，还有其他的途径去实现减排减碳，比如植树造林、另付费给政府或机构等让其实现碳中和的项目。

3）年龄越大和农村家庭对制冷空调温度设定更节能。通过其他的解释变量可以发现，年龄越大的人会越愿意在使用制冷空调时将温度设置在 26 摄氏度及以上，农村家庭会更倾向于将制冷空调的温度保持在 26 摄氏度及以上，可能是乡村的温度相对城市更低一些，且乡村的居民更多是老年人会更节约用电，对空调制冷的要求相对较低。

（2）低碳认知水平和低碳态度对制冷空调关机时的行为分析

1）低碳认知水平对制冷空调不使用时的行为有积极的显著影响，使用时会更节能。低碳认知水平中，对碳中和和减碳市场工具了解程度对制冷空调不使用时的行为有着比较明显的影响。对碳中和了解得越多，低碳认知水平越高会促使居民对不使用家用电器时有着更节能的态度，更愿意关闭电源甚至拔掉插头，而不是不管它或者是让其处于待机状态。而对减碳市场工具了解更多的人，有明显的负显著影响，其背后的作用机制可能是对减碳市场工具了解较多的人，更多是相关专业的人员，或从事相关职业的人员，而不仅是由于个人的偏好去了解，故其激励的程度相对较低。由于从减碳市场工具在更高的层面去研究节能减排，所以反而会忽略自身的一些基础个人行为。另外，也可能是了解这部分专业知识的人偏年轻，对使用制冷空调后的行为注意度相对较低。

2）减排态度积极的家庭会更注意制冷空调不使用时的状态。对减排态度比较积极的家庭，如愿意用实际行动支持碳中和，以及通过减少用电的方式支持碳中和等，这部分家庭会比较注意不使用制冷空调时的用电状态，会倾向于关闭电源或拔掉插头。

3）女性、家庭年收入更高和农村地区的家庭会对制冷空调不使用状态有显著的影响。女性居民会更倾向于在不使用制冷空调时关闭空调电源甚至拔掉插头，可能是女性相对比较细心，比较注重使用制冷空调后待机的用电行为。家庭年收入越高的家庭，对使用制冷空调后的行为相对更不注意，有显著的负影响；农村的居民会更注重制冷空调使用后的行为，更倾向于关闭电源或者拔掉插头。

综上可知，在以空调为例的低碳认知水平和减排态度对家庭电力消费行为探究中，低碳认知和低碳态度对家庭电力消费影响具有比较显著的影响，低碳认知和部分低碳态度对制冷空调的温度设定和制冷空调使用完后的行为的影响虽有所不同，但也说明居民对低碳的认知和态度能对其行为能产生影响，且低碳态度中愿意为了减排采取减少用电量的方式这一态度会使得居民在使用制冷空调温度设定得更节能，更愿意在不使用空调时让空调保持在更节能的状态，从该点看，居民的低碳态度和低碳行为具有一定的统一性。

8.3.3.2 相关建议

居民家庭的电力消费对我国电力发展和实现碳中和目标具有不可忽视的影响和压力，在8.2节中已经详细地做了相关说明，而本章的研究让我们知道低碳认知和低碳态度对居民家庭用电行为具有一定的影响，基于此结果我们进一步提出相关建议。

(1) 普及低碳知识

让公众对碳排放的危害有进一步认识，同时加大减排宣传，尤其是我国"双碳"目标的内容宣传，为公众构建一个低碳社会文化和环境，利用居民的社会责任感引导其自觉地改变自己对家用电器使用的行为，达到家用电器减排的目的。

(2) 因材施教宣传

例如，老人和女性会更加注重生活中的节能行为，所以可以采取针对老年人和女性进行比较细致的节能家电的宣传方式。因材施教宣传碳知识需要注意宣传的方式和方法，初期可多结合社区进行各类活动普及节电知识，扩大知晓率；再根据居民的反应，进行调节更改，选出更适合公众能够最大程度发挥作用的普及方式；后期在节能取得阶段性效果的时候，设置激励，以巩固阶段性成果，让公众对节能行为养成习惯并坚持。

(3) 加大对节能非政府公益组织的鼓励，发挥非政府组织的作用

政府机构进行宣讲和普及时面对公众时也会遇到一些棘手的问题，比如人手不足和方式不够活泼新颖，故提倡建立节能减排的公众参与制度。政府和非政府机构的合作可以更加贴合实际地去引导居民主动地养成节电节能行为。

8.4 公众对电力来源清洁化的受偿意愿

8.4.1 引言

我国在2018年碳排放量超过美国成为世界第一大排放国，2021年二氧化碳排放量约为100亿吨，能源消费以化石燃料为主，2020年化石燃料消费量约占能源消费总量的84.1%[①]。为保证能源安全和解决环境问题，我国政府于2020年明确提出"双碳"目标，决定逐步降低煤炭消费比例、增加可再生能源和核电消费比例的目标。电力行业是温室气体和大气污染物的主要排放行业，2020年电力行业二氧化碳排放量约占全国能源排放量的42.5%[②]。因此，电力来源的清洁化对解决我国环境问题具有重要意义。

实现电力清洁化的主要方式为发电来源清洁化。我国针对可再生能源制定了各种激励政策，这些政策对于推动中国电力来源清洁化具有重大作用。近年来，中国绿色电力发展处于快速发展阶段（图8-37）。如8.1节所述，中国绿色电力产量已超发达国家，成为第一大绿色电力生产国，但是绿色电力发展仍存在诸多问题，如人均不足、绿色电力生产成本高、与煤电比价不合理等，导致居民对绿色电力接受度不高。因此在绿色电力发展初期，需要对绿色电力进行补贴以提高绿色电力的普及程度，以便绿色电力的全面推广。同时，借助灵活的市场化手段产生有效的价格信号，激发消费者的绿色电力消费意愿，引导可再生能源的持续利用，避免火力发电成本竞争所带来的不利影响。

目前，有大量的学者集中于绿色电力支付意愿的影响因素及估计绿色电力支付意愿的确定的研究。国内学者关于绿色电力支付意愿的研究主要集中在具体城市，如上海（刘骏，2016；吴力波等，2018）、北京（Guo et al.，2014）等，对全国性的研究相对较少（钳学霞等，2017；吴力波等，2018），缺乏普遍意义。国外学者关于绿色电力支付意愿的研究主要集中在发达国家（Borchers et al.，2007；Zorić and Hrovatin，2012），如韩国（Yoo and Kwak，2009）、日本（Nomura and Akai，2004）、意大利（Neri et al.，2005）等。对于绿色电力发展

---

① 数据来源：《中国统计年鉴2021》。
② 数据来源：http://www.china-ppower.com/news2.asp? id=5443。

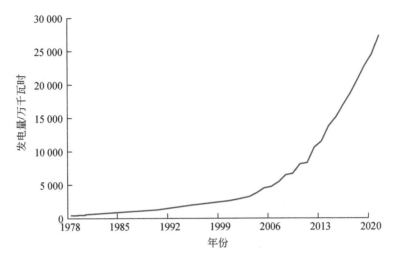

图 8-37　中国绿色电力发电量

数据来源:《中国能源统计年鉴 2021》

初期及不完善的国家和地区而言,在发展初期,政府引导和补贴极其重要。但是政府应如何制定补贴,居民的受偿意愿如何,目前还缺乏相关研究。本节主要参考电力来源清洁化的支付意愿相关文献,探究居民受偿意愿(WTA)的主要影响因素,为绿色发电发展处于初期或者还未开始发展绿色电力的国家和地区政策制定提供借鉴。

8.4.2　研究方法

8.4.2.1　CVM

条件价值评估方法(contingent valuation method,CVM),即利用效用最大化原理,通过建立假想市场,直接询问被调查者对接受环境物品或服务的最大支付意愿(WTP)或失去时的最小受偿意愿(WTA),推断出环境物品的经济价值。CVM 能够评估环境物品的总经济价值包括使用价值和非使用价值,已经成为目前应用最广泛的关于环境公共物品价值评估的方法。气候变暖越来越受到世界各地的关注,应用 CVM 研究低碳政策对减轻全球气候变化的研究也越来越多。例如,Seung 和 So(2009)利用 CVM 方法估计了韩国对绿色电力的支付意愿;Hansla 等(2008)利用 CVM 评估日本居民对可再生能源发电的支付意愿。相对于发达国家,总体上我国应用 CVM 对支付意愿进行的研究存在一定滞后性,但是也逐渐丰富。例如，刘晓和徐建华（2020）对公众电力支付意愿的估计；刘骏（2016）对上海居民减排意愿估计等。

8.4.2.2 Logit 模型

由于本次调查未直接涉及"是否愿意接受绿色电力"类似问题，需要进行一定的转换，相关问题转换为："如果希望一年减少 1 吨碳排放，可以将家庭中原本的用电量替换成绿色电力（1000 千瓦·时左右）。通常来说，绿色电力的价格是现有电价的 2 倍，此时需要给您多少补偿您才会接受这项提议"。答案为离散选择变量（0 元/月、10 元/月、20 元/月、50 元/月、75 元/月、100 元/月、超过 100 元/月）。相关资料显示，在全国范围内，家庭每月电力消费处于 1000 千瓦·时以下时，电价都小于或等于 0.6 元/千瓦·时，因此假定：当居民选择政府补贴超过 100 元/月时才接受绿色电力，等于直接询问"是否接受绿色电力"时选择"不接受绿色电力"。根据 Hanemann 的随机效用最大模型，在两分式调查模式中，调查结果的基本函数形式可采用 logit 函数形式：

$$d\text{WTA}_i = X'\beta + \varepsilon \qquad (8\text{-}3)$$

式中，$d\text{WTA}_i$ 是一个二元变量，代表居民是否愿意接受绿色电力；X' 为居民对绿色电力受偿意愿的微观影响因素；ε 为其他影响因素。同时，为保证结果的准确性，也将包含 OLS 与 Probit 模型的回归结果。

8.4.2.3 Ordered Probit 模型

序数回归模型是一种对 WTA 和人口统计学变量回归分析时评估 CVM 方法有效性和准确性的有效手段。将 WTA 选项作为一个有序选择，并使用 Ordered Probit 模型探究居民对 WTA 处于哪个区间受哪些因素影响。根据先前研究的框架，计量经济模型如下：

$$\text{WTA}_i = X'\gamma + \mu \qquad (8\text{-}4)$$

式中，WTA_i 为有序因变量；X' 为居民对绿色电力受偿意愿的微观影响因素；γ 为系数/模型的参数；μ 为误差项。表 8-3 描述了计量经济学模型中的各项变量。

表8-3 变量及定义

变量	定义
Lifeeffect_1	全球变暖确实存在影响
Lifeeffect_2	全球变暖只是感觉上存在影响
Lifeeffect_3	全球变暖不存在影响
Lifethreat_1	全球变暖威胁本人和后代生活

续表

变量	定义
Lifethreat_2	全球变暖对本人和后代无太大影响
Lifethreat_3	全球变暖对本人和后代不存在影响
Emissionview_1	日常行为对碳排放存在影响且无法减排
Emissionview_2	日常行为对碳排放存在影响并努力减排
Emissionview_3	日常行为对碳排放无影响
Dcarbonbeheve	是否愿意为碳中和努力(1是,0否)
Impgreenel_1	绿色电力是改善全球变暖的关键因素
Impgreenel_2	绿色电力不会改变全球变暖
Impgreenel_3	不清楚绿色电力是否改变全球变暖
age	年龄
gender	性别(0女性1男性)
educ_primary	教育水平:小学及以下取值为1,否则为0
educ_junior	受教育水平为初中取值为1,否则为0
educ_high	受教育水平为高中取值为1,否则为0
educ_zhuanke	受教育水平为大专取值为1,否则为0
educ_college	受教育水平为本科及以上取值为1,否则为0
Zone_1	居住在东部
Zone_2	居住在西部
Cityorvill_3	居住在农村
Cityorvill_2	居住在城市边缘
Cityorvill_1	居住在城市中心
popover60	家庭60岁以上人口
popbelow7	家庭7岁以下人口
huxidisease	家人是否患有呼吸系统疾病(1是,0否)
elebill	1~11月电费支出
annualincome	年均收入

8.4.3 数据

本节所用的变量和数据大致可以分为四类：受偿意愿（WTA）、受访者个体体征、家庭特征和环境态度。表8-4是对上述四类变量统计学概况的说明。

在受偿意愿方面，愿意接受绿色电力的人占比为 60.88%，并且 WTA 的具体分布数值较低，100 元及以下占比约 78%，WTA 为 50 元的人占比为 17.45%。在提示绿色电力前期发展时可能出现少数供电不稳定情况后，愿意接受绿色电力人数占比有所降低，并且 WTA 数值在 100 元及以下占比有所降低，约为 77%，此时 WTA 为 50 元人数还是最多，约为 17.93%。

在个体特征方面，约 40% 的受访者为男性，约 60% 的受访者为女性；受教育在高中及以下受访者约占总样本的 48%，大专学历的受访者占比约为 29%，本科及以上学历占比约为 23%，表明该样本受教育程度相对较高，这与受访者大部分为城市居民有关。

在家庭特征方面，受访者家庭年均收入为 4.2 万元，而 2021 年全国居民人均可支配收入为 3.5 万元，高于国家统计局的调查数据；2021 年 1~11 月电力支出变化范围从 100~10000 元不等；城镇居民占比较高，约为 72%，这是本次调查人均收入高于全国居民人均可支配收入的主要原因；90% 以上受访者无家人患有呼吸系统疾病。家庭成员无年龄大于等于 60 岁的家庭占比较高，约为 73.4%；有 1 到 2 个家庭成员年龄在 60 岁及以上的家庭占比约为 26%；仅 0.4% 左右的家庭有 3 个以上老人。家中无 7 岁及以下儿童的家庭占比较高，约为 67.5%，32.5% 的家庭家中有儿童。

对于环境认识态度，主要分为人们对全球变暖是否影响生活的认知、全球变暖是否与人类行为有关的认知、是否愿意采取行动实行碳中和及对绿电看法，具体情况见表 8-4。从表 8-4 可以看出，仅 28.43% 的受访者认为全球变暖确实影响生活，57.52% 的受访者认为感觉上全球变暖影响生活（无实际影响），14.05% 的受访者认为全球变暖对人类生活完全无影响。当谈到是否愿意用实际行动支持碳中和时，约 96% 的受访者支持，仅约 4% 的受访者不愿意用实际行动支持碳中和。约 53% 的受访者认为绿色电力发展是改变全球变暖现象的关键因素，约 47% 的受访者认为绿色电力对全球变暖现象并无作用或者作用并不明了。

8.4.4　回归结果

8.4.4.1　居民接受绿色电力的影响因素

从环境态度看，人们对于全球变暖对生活影响的认知与绿色电力的接受程度有较大影响，无论电力稳定与否，认为全球变暖影响人类生活的受访者更愿意接受绿色电力。这与经济学"理性人"假设是一致的，人们行为决定取决于当前

表 8-4　受访者环境态度和社会人口统计学概况的频率　　（单位：%）

变量和描述		观测值=1043	变量和描述		观测值=1043
是否愿意接受绿色电力	是	39.12	受教育程度	小学及以下	5.57
	否	60.88		初中	21.38
政府提供固定数额绿色电力补贴，居民愿意接受	0 元	17.74		高中（包括中专、职高）	21.28
	10 元	9.59		大专	29.05
	25 元	10.16		本科及以上	22.72
	50 元	17.45	居住地	东部	43.53
	75 元	5.94		中部	26.27
	100 元	17.64		西部	30.20
	100 元以上（不含 100 元）			农村	27.23
绿色电力不稳定，政府提供固定数额绿色电力补贴，居民愿意接受	0 元	17.45	城乡	城市边缘地区	43.53
	10 元	9.78		城市中心区	29.24
	25 元	9.11	家庭成员人口 60 岁及以上人数	0 人	73.35
	50 元	17.93		1 人	14.48
	75 元	6.23		2 人	11.79
	100 元	15.82		3 人及以上	0.38
	100 元以上（不含 100 元）		家庭成员人口 7 岁及以下人数	0 人	67.5
全球变暖与人类行为关系	认为全球变暖不是由人类导致	5.39		1 人	25.7
	认为全球变暖部分由人类导致	27.62		2 人	4.51
	认为全球变暖很大程度由人类导致	66.99		3 人及以上	2.3
全球变暖是否影响生活	无影响	14.05	家人是否患有呼吸系统疾病	是	2.21
	只是感觉上的变化	57.52		否	97.79
	确实影响生活	28.43	家庭年收入	0~30000 元	10
是否愿意用实际行动支持碳中和	是	95.97		30 001~100 000 元	40
	否	4.03		100 001~150 000 元	25
绿色电力发展是否会改善全球变暖现象	不清楚	18.40		>150 000 元	25
	不会，影响不大	28.48	家庭 1~11 月电费	0~364 元	10
性别	男	39.98		365~1000 元	40
	女	60.02		1001~1500 元	25
				>1500 元	25

状况是否影响个人利益，当全球变暖影响个人生活时，人们更愿意改变个人习惯以减少损失。相较于认为全球变暖对受访者本人及后代无威胁的受访者，认为全球变暖对受访者本人及后代生活存在威胁的受访者更愿意接受绿色电力。受访者对于人类活动对碳排放影响的认知与绿色电力的接受程度有较大关联，人们若认为人类活动对碳排放影响较大时，便更有可能接受绿色电力。此外，认为绿色电力对减少碳排放有用的受访者更愿意接受绿色电力。

从个体特征来看，受教育程度是影响居民接受绿色电力的关键因素，可能是因为受教育程度更高的人对于新鲜事物的接受能力较强，并且对全球变暖影响感知更敏感。年龄较大的受访者可能因接受新鲜事物的能力相对较弱，从而对绿色电力的接受度较低。

从家庭特征来看，居住在中部和东部地区的受访者相较于居住在西部地区的居民，更愿意接受绿色电力，一个可能的原因是中部和东部居民接受信息较多并且受气候及空气污染影响较大，从而更愿意接受绿色电力。并且，在同样的条件下，如果绿色电力前期发展出现供电可靠性问题，人们的接受意愿相对更低，这与人们需要稳定电力的需求一致。

8.4.4.2　WTA 分布的影响因素

从环境态度来看，在绿色电力不稳定时，认为全球变暖对生活造成影响的受访者的 WTA 显著低于其他受访者。认为人类活动与碳排放有关的受访者更愿意接受较低的 WTA；愿意以实际行动支持碳中和的受访者也具有更低的 WTA 期望数额。综合可看出，若居民对人类行为、生活与全球变暖关系认识更深刻，更看好绿色电力发展的减排作用，就更易接受绿色电力，并且具有较低的 WTA 期望。

从个体特征看，受教育程度对居民 WTA 具有较大影响。受教育程度较高的居民倾向于接受较低的 WTA，主要原因可能是受教育程度较高家庭对环境认识更深刻且更能接受新鲜事物。

从家庭特征看，家庭收入越高的家庭具有较高的 WTA，尤其是在绿色电力不够稳定时，可能的原因是收入较高家庭对同等面值的补贴接受度较低。居住在中东部与城市的居民的 WTA 分布更高，可能的原因是这些居民具有更高的生活成本，需要更高的补贴以弥补损失。

8.4.4.3　结论及政策建议

本节利用逻辑回归模型及序数回归模型，探究居民对绿色电力接受意愿的影响因素及 WTA 分布的影响因素。综合而言，环境态度对居民是否愿意接受绿色电力及补贴数额都有显著影响，具体为对全球变暖带来影响的认知、人类活动影响的认知及绿色电力减排认知。居民的个体特征与家庭特征对绿色电力接受意愿及 WTA 具有显著影响，主要为受教育程度、家庭居住地及家庭电费支出等。

根据以上结果，提出以下建议：

第一，加大对环境相关知识的宣传，尤其是绿色电力、全球变暖危害等相关知识。目前，对部分居民而言，全球变暖仍仅为名词，与本人生活似乎无关，未来媒体与政府应当加大相关知识宣传，提高全球变暖与每个人生活切身相关的意识。根据"理性人"假设，当人们意识到环境保护与个人生活息息相关时，改善环境的意愿将更强烈，对绿色电力的接受程度也会大幅提高，且更易接受较低 WTA。

第二，合理利用高素质人力资源。根据回归结果可知，受教育程度越高的受访者更易接受绿色电力且能接受较低的补贴数额，因此应当以这部分人为重点，加大外溢效应。

第三，大力发展绿色电力技术，保证电力稳定性。我国可再生能源发电已持续多年处于世界领先地位，但由于可再生能源发电技术的缺陷，以及相关储能技术的落后，绿色电力仍存在不可持续、不稳定等问题。因此，发展绿色电力相关技术以保证供电稳定性、提升居民接受度是未来可再生能源发电的重要方向。

8.5　本　章　小　结

电力消费需求与经济、社会、环境之间存在着不可割舍的关系，尤其是随着经济的快速增长和人民生活水平的提高，电力的发展不仅关乎国民经济和社会的发展，还关乎政治的稳定。居民家庭电力消费量逐年高涨，在我国电力总消费所占的比例也逐渐上升。这意味着合理地发展电力以保障居民生活，通过居民电力消费合理化来减少碳排放、实现碳中和，对我国能源发展具有重大意义。

本章节对我国居民家庭电能替代与低碳转型进行了研究，从宏观到微观，从我国的电气化发展进程到我国居民家庭用电的数量及用能结构变化，并具体地通过对制冷空调的使用，探究了我国居民家庭电力消费和实现绿色发展的关系，以及居民对电力来源清洁化接受意愿的影响因素。虽然我国电力发展速度快，并且呈现低碳化、多元化的特点，但仍存在总量大但人均不足的问题。我国居民绿色电力消费数量不断上升，但其在总的能源消费量中的占比仍处于低位，因而我国居民电力消费具有巨大潜力。问卷统计所得的微观电力消费中，生活与娱乐对居民家庭电力消费的占比贡献最大，因而大力推广高能效产品的使用是节能部门推行节能减排政策的重要举措之一。东部地区的居民购买的家用电器数量最多，远远超过中西部地区，地域发展的不平衡问题还较为突出；所有的家用电器从 2014

年开始购买量逐渐上升，大多数家用电器 2018 年购买达到顶峰。低碳认知和低碳态度对家庭电力消费行为有显著的影响，因此普及低碳认知，培养公众低碳态度，引导公众自觉地改变家用电器使用行为，可达到家用电器减排的目的。探究了居民对绿色电力接受意愿的影响因素及 WTA 分布的影响因素，发现环境态度对居民是否愿意接受绿色电力及补贴数额都有显著影响；而居民环境态度、受教育程度、家庭电力支出等因素对绿色电力接受程度具有显著影响。

通过宏观和微观分类描述与微观实证分析，本章对我国的电力发展现状和居民的电力消费数量及结构进行了勾勒，为我国通过居民电力消费进行节能减排提供了新思路，既可以培养公众对绿色电力的接受度，也可以通过改变其消费习惯，或者是提高公众的低碳认知，塑造积极的减排态度。

参 考 文 献

陈凯, 彭茜. 2014. 绿色消费态度–行为差距分析及其干预. 科技管理研究, (20)：236-241.

高键. 2018. 消费者行为理性对绿色感知价值的机制研究——以计划行为理论为研究视角. 当
　　代经济管理, (1)：16-20.

李丽滢, 董殿姣. 2016. 低碳经济视角下居民消费模式转变机理研究——以辽宁省为例. 生态
　　经济, (9)：59-63, 115.

刘海凤, 郭秀锐, 毛显强, 等. 2011. 应用 CVM 方法估算城市居民对低碳电力的支付意愿. 中
　　国人口·资源与环境, 21 (S2)：313-316.

刘骏. 2016. 上海居民对电力行业 CO_2 减排支付意愿研究. 上海节能, (3)：126-131.

刘文龙, 吉蓉蓉. 2019. 低碳意识和低碳生活方式对低碳消费意愿的影响. 生态经济, (8)：
　　40-45, 103.

刘晓, 徐建华. 2020. 公众对电力来源清洁化的支付意愿. 资源科学, (12)：2328-2340.

吕荣胜, 卢会宁, 洪帅. 2016. 基于规范激活理论节能行为影响因素研究. 干旱区资源与环境,
　　30 (9)：14-18.

芈凌云, 丛金秋, 丁超琼, 等. 2019. 城市居民低碳行为认知失调的成因——“知识—行为”
　　的双中介模型. 资源科学, (5)：908-918.

芈凌云, 顾曼, 杨洁, 等. 2016. 城市居民能源消费行为低碳化的心理动因——以江苏省徐州
　　市为例. 资源科学, (4), 609-621.

彭璐珞, 李楠, 郑智远, 等. 2021. 中国居民消费碳排放影响因素的时空异质性. 中国环境科
　　学, (1), 463-472.

齐绍洲, 柳典, 李锴, 等. 2019. 公众愿意为碳排放付费吗？——基于“碳中和”支付意愿影
　　响因素的研究. 中国人口·资源与环境, (10)：124-134.

钳学霞, 孔锐, 冯天天. 2017. 绿色电力额外支付意愿与行为研究. 天津：第十二届 (2017)
　　中国管理学年会论文集.

秦曼, 杜元伟, 万骁乐. 2020. 基于 TPB-NAM 整合的海洋水产企业亲环境意愿研究. 中国人
　　口·资源与环境, 30 (9)：75-83.

唐丽春, 龚洋冉, 刘丽, 等. 2015. 低碳知识的时空扩散与演变特征研究. 财经理论与实践,
　　(3), 130-135.

汪兴东, 景奉杰. 2012. 城市居民低碳购买行为模型研究——基于五个城市的调研数据. 中国
　　人口·资源与环境, (2)：47-55.

王强, 周侃, 林键. 2022. 中国城乡家庭能源平等变化特征分析. 地理学报, (2)：457-473.

王圣. 2022. “十四五”时期我国能源发展趋势及低碳转型建议. 环境保护, 50 (8)：36-41.

吴春梅，张伟．2013. 居民低碳认知态度与行为的实证研究．技术经济与管理研究，（7）：
　　123-128.

吴力波，周阳，徐呈隽．2018. 上海市居民绿色电力支付意愿研究．中国人口·资源与环境，28
　　（2）：86-93.

张辉，白长虹，李储凤．2011. 消费者网络购物意向分析——理性行为理论与计划行为理论的
　　比较．软科学，（9）：130-135.

张晓杰，靳慧蓉，娄成武．2016. 规范激活理论：公众环保行为的有效预测模型．东北大学学
　　报（社会科学版），18（6）：610-615.

张志强，徐中民，程国栋．2003. 条件价值评估法的发展与应用．地球科学进展，（3）：
　　454-463.

周丁琳，李爱军，刘雨豪，等．2020. 我国居民生活碳排放的时空分解和不平等性分析．煤炭
　　经济研究，40（10）：18.

Abrahamse W, Steg L, Vlek C, et al. 2005. A review of intervention studies aimed at household
　　energy conservation. Journal of Environmental Psychology, 25（3）：273-291.

Ajzen I. 2001. Nature and operations of attitudes. Annual Review of Psychology, 52：27-58.

Arminda P, Tânia L. 2017. Environmental knowledge and attitudes and behaviours towards energy con-
　　sumption. Journal of Environmental Management, 197：384-392.

Blaine T W, Lichtkoppler F R, Jones K R, et al. 2005. An assessment of household willingness to
　　pay for curbside recycling：A comparison of payment card and referendum approaches. Journal of en-
　　vironmental management, 76（1）：15-22.

Borchers A M, Duke J M, Parsons G R. 2007. Does willingness to pay for green energy differ by
　　source? Energy Policy, 35（6）：3327-3334.

Cameron T A, Huppert D D. 1989. OLS versus ML estimation of non-market resource values with
　　payment card interval data. Journal of Environmental Economics and Management, 17：230-246.

Canavari M, Coderoni S. 2020. Green marketing strategies in the dairy sector：Consumer- stated
　　preferences for carbon footprint labels. Agricultural and Food Economics, 8（1）：1-16.

Cao M, Kang W, Cao Q, et al. 2019. Estimating Chinese rural and urban residents' carbon
　　consumption and its drivers：Considering capital formation as a productive input. Environment, De-
　　velopment and Sustainability, 22（6）：5443-5464.

Chancel L, Piketty T. 2015. Carbon and inequality：From Kyoto to Paris. Trends in the global
　　inequality of carbon emissions（1998-2013）& Prospects for an equitable adaptation fund. Paris：
　　Paris School of Economics.

Chen J D, Cheng S L, Song M L, et al. 2016. A carbon emissions reduction index：Integrating the
　　volume and allocation of regional emissions. Applied Energy, 184：1154-1164.

Chen N, Zhang Z H, Huang S M, et al. 2018. Chinese consumer responses to carbon labeling：
　　Evidence from experimental auctions. Journal of Environmental Planning and Management, 61：
　　2319-2337.

Choia S, Ritchie B W. 2014. Willingness to pay for flying carbon neutral in Australia：An exploratory study of offsetter profiles. Journal of Sustainable Tourism, 22 (8): 1236-1256.

Daziano R A, Bolduc D. 2013. Incorporating pro-environmental preferences towards green automobile technologies through a Bayesian hybrid choice model. Transportmetrica A: Transport Science, 9 (1): 74-106.

Deschênes O, Greenstone M. 2011. Climate change, mortality and adaptation: Evidence from annual fluctuations in Weather in the US. American Economic Journal: Applied Economics, 3 (4): 152-185.

Donald I J, Cooper S R, Conchie S M. 2014. An extended theory of planned behavior model of the psychological factors affecting commuters' transport mode use. Journal of Environmental Psychology, 40: 39-48.

Emekci S. 2019. Green consumption behaviours of consumers within the scope of TPB. Journal of Consumer Marketing, 36 (3): 410-417.

Fan S, Zhou L, Zhang Y, et al. 2021. How does population aging affect household carbon emissions? evidence from Chinese urban and rural areas. Energy Economics, 100 (C): 105356.

Feng K S, Hubacek K, Song K H. 2021. Household carbon inequality in the US. Journal of Cleaner Production, 278 (6): 123994.

Ferreira S, Marques R C. 2015. Contingent valuation method applied to waste management. Resources, Conservation and Recycling, 99: 111-117.

Fisher F M, Kaysen C. 1962. The Demand for Electricity in the United States, in Economic Analysis, A Study in Econometrics. Amsterdam: North Holland Publishing Company.

Flachaire E, Hollard G, Shogren J. 2013. On the origin of the WTA-WTP divergence in public good valuation. Theory and Decision, 74 (3): 431-437.

Florian G K, Urs F. 2003. Ecological behavior's dependency on different forms of knowledge. Applied Psychology, (4): 122-134.

Frick J, Kaiser F G, Wilson M. 2004. Environmental knowledge and conservation behavior: Exploring prevalence and structure in a representative sample. Personality and Individual Differences, 37 (8): 1597-1613.

Frondel M, Sommer S, Tomberg L. 2021. WTA-WTP disparity: The role of perceived realism of the valuation setting. Land Economics, 97 (1): 196-206.

Gao Y, Li M, Meng B, et al. 2020. The forces driving inequalities in China's household carbon footprints. http://doi.org/10.20561/00051686[2018-10-25].

Garnbro J S, Switzky H N. 1999. Variables associated with American high school students' knowledge of environmental issues related to energy and pollution. The Journal of Environmental Education, 30 (2): 15-22.

Georgantzis N, Navarro-Martinez D. 2010. Understanding the WTA-WTP gap: Attitudes, feelings, uncertainty and personality. Journal of Economic Psychology, 31 (6): 895-907.

Geppert J, Stamminger R. 2010. Do consumers act in a sustainable way using their refrigerator? The influence of consumer real life behaviour on the energy consumption of cooling appliances.

International Journal of Consumer Studies, 34 (2): 219-227.

Guo X R, Liu H F, Mao X Q, et al. 2014. Willingness to pay for renewable electricity: A contingent valuation study in Beijing, China. Energy Policy, 68: 340-347.

Gyberg P, Palm J. 2009. Influencing households' energy behavior: How is this done and on what premises. Energy Policy, 37 (7): 2807-2813.

Gyberg P, Palm J. 2009. Influencing households' energy behavior: How is this done and on what premises. Energy Policy, 37 (7): 2807-2813.

Hallegatte S, Bangalore M, Bonzanigo L, et al. 2015. Managing the Impacts of Climate Change on Poverty. Washington: World Bank Publications.

Hammerle M, Best R, Crosby P. 2021. Public acceptance of carbon taxes in Australia. Energy Economics, 101 (2): 105420.

Hansla A, Gamble A, Juliusson A, et al. 2008. Psychological determinants of attitude towards and willingness to pay for green electricity. Energy Policy, 36 (2): 768-774.

Heil M T, Wodon Q T. 1997. Inequality in CO_2 emissions between poor and rich countries. The Journal of Environment & Development, 6 (4): 426-452.

Holm T, Latacz-Lohmann U, Loy J P, et al. 2015. Estimation of the willingness to pay for CO_2 savings: A discrete choice experiment German Journal of Agricultural Economics, 64 (2): 63-75.

Hosier R H, Dowd J. 1987. Household fuel choice in Zimbabwe: An empirical test of the energy ladder hypothesis. Resources and Energy, 9 (4): 347-361.

Hulshof D, Mulder M. 2020. Willingness to pay for CO_2 emission reductions in passenger car transport. Environmental and Resource Economics, 75 (4): 899-929.

Hungerford H R, Volk T L. 1990. Changing learner behavior through environmental education. The Journal of Environmental Education, 21 (3): 8-21.

Ivanova D, Stadler K, Steen-Olsen K, et al. 2016. Environmental impact assessment of household consumption. Journal of Industrial Ecology, 20 (3): 526-536.

Janssen M, Jager W. 2002. Stimulating diffusion of green products. Journal of Evolutionary Economics, 12: 283-306.

Kammen D M, Kirubi C. 2008. Poverty, energy, and resource use in developing countries. Annals of the New York Academy of Sciences, 1136 (1): 348-357.

Kimura A, Wada Y, Kamada A, et al. 2010. Interactive effects of carbon footprint information and its accessibility on value and subjective qualities of food products. Appetite, 55 (2): 271-278.

Leeming F C, Dwyer W O, Bracken B A. 2010. Children's environmental attitude and knowledge scale: Construction and validation. The Journal of Environmental Education, 26 (3): 22-31.

Lerman R I, Yitzhaki S. 1985. Income inequality effects by income source: A new approach and applications to the United States. The Review of Economics and Statistics, 67 (1): 151-156.

Liu G, Zhang F. 2022. China's carbon inequality of households: Perspectives of the aging society and urban-rural gaps. Resources Conservation and Recycling, 185: 106449.

Liu X Y, Wang X E, Song J N, et al. 2019. Indirect carbon emissions of urban households in China:

Patterns, determinants and inequality. Journal of Cleaner Production, 241 (10): 118335.

Long D, West G H, Nayga R. 2021. Consumer willingness-to-pay for restaurant surcharges to reduce carbon emissions: Default and information effects. Agricultural and Resource Economics Review, 50 (2): 338-366.

Ma W L, Zhang Y H, Cui J H. 2021. Chinese future frequent flyers' willingness to pay for carbon emissions reduction. Transportation Research Part D Transport and Environment, 97 (1): 102935.

Mackerron G J, Egerton C, Gaskell C, et al. 2009. Willingness to pay for carbon offset certification and co-benefits among (high-) flying young adults in the UK. Energy Policy, 37 (4): 1372-1381.

Mataria A, Luchini S, Daoud Y, et al. 2007. Demand assessment and price-elasticity estimation of quality-improved primary health care in Palestine: A contribution from the contingent valuation method. Health Economics, 16 (10): 1051-1068.

Mi Z F, Zheng J L, Meng J, et al. 2020. Economic development and converging household carbon footprints in China. Nature Sustainability, (3): 529-537.

Mitchell R C, Carson R T. 1984. A contingent valuation estimate of national freshwater benefits: technical report to the US Environmental Protection Agency. Washington DC: Resources for the Future.

Moore S, Murphy M, Watson R. 1994. A longitudinal study of domestic water conservation behavior. Population and Environment, 16 (2): 175-189.

Neo S M, Choong W W, Ahamad R B. 2017. Differential environmental psychological factors in determining low carbon behaviour among urban and suburban residents through responsible environmental behaviour model. Sustainable Cities and Society, 31: 225-233.

Neri M, Acocella V, Behncke B, et al. 2005. Contrasting triggering mechanisms of the 2001 and 2002–2003 eruptions of Mount Etna (Italy). Journal of Volcanology & Geothermal Research, 144 (1-4): 235-255.

Nomura N, Akai M. 2004. Willingness to pay for green electricity in Japan as estimated through contingent valuation method. Applied Energy, 78 (4): 453-463.

Olson E L. 2013. It's not easy being green: The effects of attribute tradeoffs on green product preference and choice. Journal of the Academy of Marketing Science, 41 (2): 171-184.

O'Neill B C, Kriegler E, Riahi K, et al. 2014. A new scenario framework for climate change research: The concept of shared socioeconomic pathways. Climatic Change, 122 (3): 387-400.

Ölander F, Thøgersen J. 1995. Understanding of consumer behaviour as a prerequisite for environmental protection. Journal of Consumer Policy, 18 (4): 345-385.

Padel S, Foster C. 2005. Exploring the gap between attitudes and behaviour: Understanding why consumers buy or do not buy organic food. British Food Journal, 107 (8): 606-625.

Padilla E, Duro J A. 2013. Explanatory factors of CO_2 per capita emission inequality in the European Union. Energy Policy, 62: 1320-1328.

Paço A, Lavrador T. 2017. Environmental knowledge and attitudes and behaviours towards energy consumption. Journal of Environmental Management, 197: 384-392.

Raffaelli R, Franch M, Menapace L, et al. 2022. Are tourists willing to pay for decarbonizing tourism? Two applications of indirect questioning in discrete choice experiments. Journal of Environmental Planning and Management, 65 (7): 1240-1260.

Reilly R J, Davis D D. 2015. The effects of uncertainty on the WTA-WTP gap. Theory and Decision, 78 (2): 261-272.

Rotaris L, Giansoldati M, Scorrano M. 2020. Are air travellers willing to pay for reducing or offsetting carbon emissions? Evidence from Italy. Transportation Research Part A: Policy and Practice, 142: 71-84.

Schwartz S H. 1977. Normative influences on altruism. Advances in Experimental Social Psychology, (10): 221-279.

Shorrocks A. 2013. Decomposition procedures for distributional analysis: A unified framework based on the Shapley value. The Journal of Economic Inequality, 11 (1): 99-126.

Song K, Qu S, Taiebat M, et al. 2019. Scale, distribution and variations of global greenhouse gas emissions driven by US households. Environment International, 133: 105137.

Stern P C, Gardner G T. 1981. Psychological research and energy policy. American Psychologist, 36 (4): 329-342.

Stern P C. 2000. New environmental theories: Toward a coherent theory of environmentally significant behavior. Journal of Social Issues, 56 (3): 407-424.

Tomas M, Lopez L A, Monsalve F. 2020. Carbon footprint, municipality size and rurality in Spain: Inequality and carbon taxation. Journal of Cleaner Production, 266: 121798.

Vantomme D, Geuens M, de Houwer J, et al. 2005. Implicit attitudes toward green consumer behaviour. Psychologica Belgica, 45 (4): 217-239.

Veisten K. 2007. Willingness to pay for eco-labelled wood furniture: Choice-based conjoint analysis versus open-ended contingent valuation. Journal of Forest Economics, 13 (1): 29-48.

Vera M S, de la Vega A, Samperio J L. 2021. Climate change and income inequality: An I-O analysis of the structure and intensity of the GHG emissions in Mexican households. Energy for Sustainable Development, 60 (2): 15-25.

Wang J, Yuan R. 2022. Inequality in urban and rural household CO_2 emissions of China between income groups and across consumption categories. Environmental Impact Assessment Review, 94: 106738.

Wang S J, Liu X P. 2017. China's city-level energy-related CO_2 emissions: Spatiotemporal patterns and driving forces. Applied Energy, 200: 204-214.

Willig R D. 1976. Consumer's surplus without apology. American Economic Review, 66 (4): 589-597.

Xu X K, Han L Y, Lv X F. 2016. Household carbon inequality in urban China, its sources and determinants. Ecological Economics, 128: 77-86.

Yang D T. 1999. Urban-biased policies and rising income inequality in China. The American

Economic Review, 89 (2): 306-310.

Yoo S H, Kwak S Y. 2009. Willingness to pay for green electricity in Korea: A contingent valuation study. Energy Policy, 37 (12): 5408-5416.

Young C W, Hwang K, Mcdonald S, et al. 2010. Sustainable consumption: Green consumer behaviour when purchasing products. Sustainable Development, 18 (1): 20-31.

Zhang J J, Yu B Y, Cai J W, et al. 2017. Impacts of household income change on CO_2 emissions: An empirical analysis of China. Journal of Cleaner Production, 157: 190-200.

Zhang J J, Yu B Y, Wei Y M, et al. 2018. Heterogeneous impacts of households on carbon dioxide emissions in Chinese provinces. Applied Energy, 229: 236-252.

Zhang Z X, Cui Y L, Zhang Z K. 2016. Unequal age-based household carbon footprints in China. Nature Climate Change, 7 (1): 75-80.

Zhong H L, Feng K S, Sun L X, et al. 2020. Household carbon and energy inequality in Latin American and Caribbean countries. Journal of Environmental Management, 273: 110979.

Zorić J, Hrovatin N. 2012. Household willingness to pay for green electricity in Slovenia. Energy Policy, 47: 180-187.